Marc Fournelle

Optoakustische Molekulare Bildgebung

Marc Fournelle

Optoakustische Molekulare Bildgebung

Untersuchung von nanoskaligen Kontrastmitteln und angepassten Rekonstruktionsalgorithmen für die molekulare optoakustische Bildgebung

Südwestdeutscher Verlag für Hochschulschriften

Imprint
Any brand names and product names mentioned in this book are subject to trademark, brand or patent protection and are trademarks or registered trademarks of their respective holders. The use of brand names, product names, common names, trade names, product descriptions etc. even without a particular marking in this work is in no way to be construed to mean that such names may be regarded as unrestricted in respect of trademark and brand protection legislation and could thus be used by anyone.

Publisher:
Südwestdeutscher Verlag für Hochschulschriften
is a trademark of
Dodo Books Indian Ocean Ltd., member of the OmniScriptum S.R.L Publishing group
str. A.Russo 15, of. 61, Chisinau-2068, Republic of Moldova Europe
Printed at: see last page
ISBN: 978-3-8381-2509-1

Zugl. / Approved by: Saarbrücken, Universität des Saarlandes, Diss. , 2010

Copyright © Marc Fournelle
Copyright © 2011 Dodo Books Indian Ocean Ltd., member of the OmniScriptum S.R.L Publishing group

Inhaltsverzeichnis

I	**Grundlagen**	**5**
1	**Einleitung**	**7**
2	**Stand der Technik**	**12**
3	**Physikalische Grundlagen**	**20**
	3.1 Optische Grundlagen	20
	3.1.1 Analytische Beschreibung der Lichtausbreitung	21
	3.1.2 Numerische Beschreibung der Lichtausbreitung	22
	3.2 Akustische Grundlagen	25
	3.2.1 Optoakustischer Druckaufbau	25
	3.2.2 Einfluss der Laserparameter	26
	3.2.3 Berechnung von optoakustischen Signalen relevanter Strukturen	27
	3.3 Kontrastmittel	31
	3.3.1 Farbstoffe	31
	3.3.2 Nanopartikel	32
II	**Algorithmen und Simulationen**	**37**
4	**Simulation optoakustischer Signale**	**39**
	4.1 Berechnung optoakustischer Signale	39
	4.1.1 Optische Ausbreitung	41
	4.1.2 Akustische Ausbreitung	44
	4.2 Validierung der Simulation	45
	4.2.1 Vergleich von Simulation und analytischer Lösung	46
	4.2.2 Vergleich von Simulation und Experiment	48
	4.3 Simulationsergebnisse	50
	4.3.1 Optimierung der Einstrahlgeometrie für lineare Ultraschallwandler	51
	4.3.2 Simulierte optoakustische Spektren relevanter Strukturen	52
	4.4 Simulation zur Optimierung der Rekonstruktion	52
5	**Signalverarbeitung und Rekonstruktionsalgorithmen**	**55**

5.1 Beamforming Algorithmen 56
    5.1.1 Dynamische Apodisierung 57
    5.1.2 Apertur und Liniendichte 58
    5.1.3 Kohärenz-Faktor, Median und Offset Filter 60
    5.1.4 Mittelung und Korrelationsfilter 62
    5.1.5 Spektralfilter 62
    5.1.6 Symmetriefilter 63
5.2 FFT Algorithmen 65
5.3 Abbildungsqualität 67
5.4 Rekonstruktionsgeschwindigkeit 68
5.5 Algorithmen für die Multispektrale Optoakustische Bildgebung 68

III Experimentelle Arbeit   73

6 Bildgebungssysteme   75
    6.1 Laserquellen 76
        6.1.1 Nd:YAG 77
        6.1.2 OPO - Optisch Parametrischer Oszillator 78
        6.1.3 Laser-Dioden 79
    6.2 Ultraschallwandler 80
        6.2.1 Einzelelementwandler 80
        6.2.2 Ultraschallarrays 81
    6.3 Elektronik 82
        6.3.1 Einkanalmessungen 82
        6.3.2 Mehrkanalmessungen 83

7 Nanopartikel für die Molekulare Bildgebung   86
    7.1 Eignung von Nanopartikeln als optoakustische Kontrastmittel 87
        7.1.1 Magnetit 88
        7.1.2 Polymerpartikel 89
        7.1.3 Goldnanopartikel 89
    7.2 Synthese von Goldnanopartikeln 89
        7.2.1 Nanospheres 90
        7.2.2 Nanorods 90
        7.2.3 Nanoshells 93
    7.3 Selektive Kontrastmittel 94
        7.3.1 Biologischen Funktionalisierung von Nanopartikeln 95
        7.3.2 Nachweis von Antikörpern 98

8 Validierung am Phantom   103
    8.1 Optoakustische Auflösung 104

    8.1.1 Optoakustische Impulsantwort 105
  8.2 Phantommessungen zur Evaluierung der optoakustischen Abbildungstreue . . . 106
  8.3 Detektierbarkeit von Nanopartikeln 107
    8.3.1 Detektionsschwelle 107
    8.3.2 Vergleich verschiedener Partikeltypen 109
  8.4 Multispektrale Phantommessungen 110

9 Präklinische Versuche zur kontrastverstärkten Optoakustik   113
  9.1 Optoakustische Detektion von Gold-Nanopartikeln *ex-vivo* am Mausmodell . . . 113
  9.2 Erste *in-vivo*-Ergebnisse - intratumorale Injektion 117
  9.3 *in-vivo*-Validierung der optoakustischen molekularen Bildgebung 118

10 Erste *in-vivo* Darstellung von Blutgefäßen an Probanden   125
  10.1 Sicherheitsaspekte bei *in-vivo*-Messungen 125
  10.2 Einfluss der Gefäßgröße 126
  10.3 Einfluss der Wellenlänge 127
  10.4 Kombinierte Bildgebung aus Ultraschall und Optoakustik 129
  10.5 Freihand 3D Aufnahmen 131

11 Diskussion   134

12 Schlussbetrachtungen und Ausblick   140

IV Anhang   142

A Danksagung   143

Teil I

Grundlagen

Kapitel 1

Einleitung

Die Thematik der Molekularen Bildgebung kann als die *in-vivo*-Charakterisierung und Messung von biologischen Prozessen auf der zellulären und molekularen Ebene durch bildgebende Verfahren zusammengefasst werden [1]. Im Gegensatz zu konventionellen Verfahren, bei denen die physikalischen Gewebeparameter beprobt werden, ermöglicht es diese Art der Bildgebung, Informationen über die biochemische Beschaffenheit des zu untersuchenden Gewebes zu gewinnen. In den letzten Jahren haben Verfahren, welche auf Molekularer Bildgebung basieren, Einzug in den medizinischen diagnostischen Alltag gefunden. Am weitesten ist die Molekulare Bildgebung im Bereich der Positronen-Emissions-Tomographie (PET) und der Einzelphotonen-Emissions-Tomographie (SPECT) in den klinischen Alltag eingedrungen. So wird zum Beispiel das Glucose-Analogon Fluordesoxyglucose zur Messung des lokalen Glucoseverbrauchs mittels PET eingesetzt [2]. Ein zweites klinisches Beispiel, an dem die Nutzung von molekularen Bildgebungsansätzen veranschaulicht werden kann, ist der CEA-Scan (Carcinoembryonales Antigen Scan), bei dem ein monoklonaler Antikörper (mAB - monoclonal Antibody), welcher mit einem Radioisotop von Technetium verbunden ist, als *in-vivo*-Diagnostikum eingesetzt wird [3]. Dieser Antikörper bindet spezifisch an dem CEA, welches auf einer Vielzahl von malignen Zellen, insbesondere bei über 95 % aller kolorektalen Karzinome, überexprimiert wird. Wenn der Komplex aus dem Radioisotop und dem mAb durch Zerfallsprozesse Gammaquanten erzeugt, können diese mit SPECT detektiert und zu hochpräzisen Aussagen über Lokalisation und Ausmaß eventueller Kolonkarzinome ausgewertet werden. Obwohl diese Methode nicht den Nachteil der Unspezifität mit sich bringt, welcher mit der Verwendung von Fluordesoxyglucose und PET verknüpft ist, verhindert die hohe Strahlenbelastung, welche mit der Verwendung solcher Radioisotope einhergeht, den breiten Einsatz zur routinemäßigen Früherkennung oder zur permanenten Therapiekontrolle. Weitere Nachteile sind die durch den hohen Aufwand bei der Erzeugung kurzlebiger Radionuklide und die komplexe Bildgebungstechnik bedingten hohen Kosten, welche die Wirtschaftlichkeit solcher Verfahren einschränken. Dies verstärkt die Notwendigkeit von alternativen Bildgebungsmodalitäten, welche mit molekularen Ansätzen verknüpft werden können. Prinzipiell müssen zu diesem Zweck Kontrastmittel gefunden werden, welche durch die Kopplung mit biologischen Markern selektiv an definierte Zelltypen binden und somit den Kontrast lokal verstärken und mit einer möglichst einfachen Bildgebungsmodalität dargestellt werden können. Verfahren, welche auf magnetischer Bildgebung (Kernspintomographie - NMR) basieren, weisen zwar nicht den Nachteil ionisierender Strahlung auf, jedoch wird der breite Einsatz zur routinemäßigen Früherkennung durch die hohen Investitions- und Betriebskosten der Systeme verhindert. Optische Bildgebungsmodalitäten wie Fluoreszenztomographie oder Optische Kohärenztomographie (OCT) benötigen ebenfalls keine ionisierende Strahlung. Des Weiteren wurden für diese Verfahren schon eine Vielzahl potentieller Kontrastmittel entwickelt, deren Oberflächenchemie es erlaubt, sie an biologische Marker zu koppeln [4][5]. Obwohl diese Technologien sich bereits im präklinischen Einsatz befinden, wird der Transfer zur klinischen Routine durch die mangelnde Bildtiefe verhindert, welche durch die starke optische Streuung im Gewebe bedingt ist. Die daraus resultierende geringe Eindringtiefe von lediglich wenigen hundert Mikrometern limitiert das Einsatzfeld solcher optischer Verfahren auf die Untersuchung der oberen Hautschichten. Eine weitere Modalität, welche prinzipiell zur Molekularen Bildgebung eingesetzt werden kann, ist der klassische Ultraschall. Dabei werden luft- oder gasgefüllte Bläschen im Größenbereich weniger Mikrometer („Microbubbles") als Kontrastmittel eingesetzt [6][7]. Als unspezifisches Kontrastmittel werden solche Mikrobläschen bereits zur Darstellung von Stenosen, Verschlüssen und Blutflußphänomenen routinemäßig verwendet. Des Weiteren sind chemische Bindungsverfahren bekannt, welche es erlauben, Biomoleküle in die Oberfläche des Kontrastmittels einzuarbeiten [8]. Präklinische Erfolge zur selektiven Bildgebung mit kontrastverstärktem Ultraschall sind ebenfalls bereits in der Literatur dokumentiert [9]. Der Nachteil des Verfahrens liegt in der Größe der verwendeten Kontrastmittel, welche sich im Bereich von 1-10 μm bewegt. Dies resultiert in einem eingeschränkten Biodistributionsverhalten, da Gefäßwände nicht penetriert werden können [10][11]. Die Bildgebung ist somit auf das vaskuläre System beschränkt.

Eine Alternative zu den vorgestellten Verfahren stellt die optoakustische Bildgebung dar. Diese hybride Modalität vereint die Vorteile des Ultraschalls mit denen optischer Bildgebung. Optoakustische Bildgebung benötigt keine ionisierende Strahlung und ist auf Grund des geringen technischen Mehraufwands gegenüber klassischem Ultraschall im Vergleich zu anderen potentiell für die Molekulare Bildgebung geeigneten Verfahren sehr kosteneffizient. Bei diesem neuen Verfahren werden optische Gewebeeigenschaften einem akustischen Detektionsmechanismus zugänglich gemacht. Die geringe akustische Streuung und die daraus resultierende hohe Auflösung des Ultraschalls werden somit mit dem hohen intrinsischen Gewebekontrast von optischen Verfahren wie OCT kombiniert. Des Weiteren können nanometerskalige optische Kontrastmittel zur Signalverstärkung eingesetzt werden und somit die Limitationen bezüglich Biodistribution und daraus resultierendem Einsatzfeld des kontrastverstärkten Ultraschalls überwunden werden.

Die physikalische Grundlage der optoakustischen Bildgebung liegt in dem thermoelastischen Effekt [12][13]. Bei der Absorption von elektromagnetischer Strahlung in Gewebe wird diese in Wärme umgewandelt. Durch die thermische Ausdehnung des Materials entsteht dabei ein

Überdruck, welcher sich unter adäquaten Randbedingungen als Ultraschallwelle ausbreitet. Um Signale im geeigneten Frequenzbereich zu erzeugen, muss die elektromagnetische Strahlung zu diesem Zweck in gepulster Form (Laserpuls) appliziert werden. Die Amplitude der generierten Signale ist dabei sowohl zu der Strahlungsdichte des Lasers als auch zu dem lokalen Absorptionskoeffizienten μ_a proportional. Aus diesem Zusammenhang ergibt sich der im Vergleich zum konventionellen Ultraschall sehr hohe Kontrast dieser Bildgebungsmodalität, da sich die optischen Absorptionskoeffizienten verschiedener Gewebetypen weit stärker unterscheiden als deren akustische Impedanzen.

Die Vorteile der Optoakustik haben diese Modalität in den letzten Jahren zum Gegenstand intensiver Forschungsvorhaben gemacht. Neben Arbeiten an verschiedenen Plattformen zur Kleintierbildgebung [14][15][16][17][18] wurde auch eine erste klinische Studie zur frühzeitigen Detektion des Mammakarzinoms durchgeführt [19].

Das Ziel der vorliegenden Arbeit ist die Weiterentwicklung der Optoakustischen Bildgebung mit besonderem Fokus auf der Optimierung der Sensitivität und der Selektivität. Dies beinhaltet die Entwicklung von Algorithmen zur Steigerung der Signalqualität ebenso wie die Untersuchung von Partikelsystemen, welche als optoakustische Kontrastmittel mit molekularem Charakter genutzt werden können. Auf der technischen Seite werden hierzu vorhandene Ultraschallgeräteplattformen für den Einsatz in der optoakustischen Bildgebung weiterentwickelt sowie deren Fähigkeit in Bezug auf die sensitive Detektion von partikulären Kontrastmittelsystemen evaluiert.

Zur Steigerung der Sensitivität wurden verschiedene Herangehensweisen gewählt: Zum einen wurde ein Simulationsprogramm zur Vorhersage von optoakustischen Signalen verschiedener medizinisch relevanter Strukturen entwickelt. Im Gegensatz zu konventionellem Ultraschall sind die Signale bei der Optoakustischen Bildgebung sehr breitbandig. Eine durch den genutzten Ultraschallwandler gegebene Signal-Mittenfrequenz ist darüber hinaus nicht vorhanden, so dass es prinzipiell zu Unstimmigkeiten zwischen der Bandbreite der Empfangsapparatur und der eigentlichen Signalbandbreite kommen kann. Die im Rahmen der vorliegenden Arbeit geschriebene Software erlaubt ein besseres Verständnis der spektralen Eigenschaften optoakustischer Signale um unnötigen Verlusten in Eingangssignalamplituden, welche durch eine schlechte Abstimmung von Empfangs- und Signalbandbreiten hervorgerufen werden können, vorzubeugen. Ein anderer für die Sensitivität der Signale enorm wichtiger Parameter ist das Signal-Rausch-Verhältnis (SRV). Die Umwandlung von Licht in akustische Signale ist kein sehr effektiver Prozess, was darin resultiert, dass die Amplituden optoakustischer Signale im Allgemeinen wesentlich geringer als bei konventionellem Ultraschall sind. Daher liegt ein weiterer Schwerpunkt der Arbeit in der Entwicklung von optimierten optoakustischen Signalverarbeitungs- und Bildrekonstruktions-Algorithmen, um das Manko geringer Rohsignalamplituden auszugleichen. Weitere Aufgabenstellungen bei der Optimierung der Rekonstruktionsalgorithmen lagen außerdem in der Minimierung von Bildartefakten und in der Verbesserung der Systemauflösung.

Die Arbeiten in Bezug auf die Selektivität der Bildgebung konzentrieren sich primär auf das Auffinden und Synthetisieren geeigneter Kontrastmittel sowie auf die Untersuchung des Einflusses verschiedener Syntheseparameter auf die resultierenden Absorptionseigenschaften. In der präklinischen Forschung werden derzeit vor allem Gold-Nanopartikel als optoakustische Kontrastmittel eingesetzt, wobei in der jüngeren Vergangenheit auch erste Arbeiten mit polymerbasierten Partikelsystemen veröffentlicht wurden. Goldpartikel stellen aufgrund ihrer durch resonante Plasmoneneffekte bedingten enorm hohen Absorptionsquerschnitte die Referenz dar, an der andere Partikeltypen gemessen werden müssen. Die Absorptionsmaxima solcher Goldpartikel liegen in den meisten Fällen im NIR (Naher Infrarot) zwischen 700 und 900 nm [20][21]. Diese Wellenlängen bieten den für *in-vivo*-Messungen relevanten Vorteil hoher Eindringtiefe in Gewebe, jedoch sind nur wenige kostenintensive und technisch anspruchsvolle Lasersysteme auf der Basis von optisch parametrischen Oszillatoren (OPO) in diesem spektralen Bereich verfügbar. Insbesondere im Hinblick auf einen potenziellen künftigen Einsatz der Optoakustik zur medizinisch-diagnostischen Bildgebung kann die Verwendung teurer und komplexer Lasersysteme ein Hindernis darstellen. Eine Alternative bieten Nd:YAG Laser, welche schon heute in vielen medizinischen Feldern (Ophtalmologie, kosmetische Chirurgie) routinemäßig eingesetzt werden. Solche Lasersysteme mit einer Grundwellenlänge von 1064 nm vereinen Robustheit, Einfachheit der Bedienung und geringen wirtschaftlichen Aufwand mit der bei dieser Wellenlänge ebenfalls vorhandenen hohen optischen Eindringtiefe in Gewebe. Die Zielsetzung in Bezug auf die Synthese von Kontrastmitteln liegt daher in der Verschiebung des spektralen Absorptionsmaximums in den Bereich um 1064 nm.

Obwohl Goldpartikel derzeit in Bezug auf die Sensitivität der Detektion noch die Maßstäbe setzen, sind alternative auf organischen Verbindungen basierende Partikeltypen nicht außer Acht zu lassen, da sie gegenüber Goldpartikeln Vorteile in Bezug auf die biologische Verträglichkeit und Metabolisierbarkeit bieten. Aus diesem Grund sollen in der vorliegenden Arbeit neue potenziell als optoakustische Kontrastmittel einsetzbare Partikeltypen (Magnetit und Polymerpartikel) in Bezug auf ihr Kontrastpotenzial mit dem gegebenen Gold-Standard verglichen werden.

Eine weitere Fragestellung in Bezug auf die Selektivität der optoakustischen Bildgebung lag in der Optimierung von chemischen Verfahren, welche es erlauben, die für die Molekulare Bildgebung notwendigen biologischen Marker an die Partikel zu binden. Dazu wurde an einem Modellsystem aus Gold-Nanoshells gearbeitet, welche mit einem monoklonalen Antikörper modifiziert wurden.

Im dritten und letzten Teil der Arbeit wird die Praxistauglichkeit der Optoakustischen Bildgebung im präklinischen sowie klinischen Kontext untersucht. Die im Rahmen dieser Arbeit für die optoakustische Bildgebung optimierte Plattform DiPhAS [22] wird zur Aufnahme erster *in-vivo* Daten an Probanden genutzt. Optoakustische Signale von Blutgefäßen wurden *in-vivo* aufgenommen und mit den in Teil II der Arbeit vorgestellten Algorithmen in Querschnittsbilder sowie dreidimensionale Ansichten der Vaskularisierung rekonstruiert. Im präklinischen Kontext wurde der Einsatz von funktionalisierten Nanogoldpartikeln als optoakustisches Kontrastmittel am Kleintiermodell untersucht. Neben *ex-vivo* Vorversuchen zur Detektierbarkeit der Partikel wurden auch erste *in-vivo*-Messungen durchgeführt. Die Optoakustik wurde dabei zusammen mit antikörpermarkierten Gold-Nanorods genutzt, um die Überexprimierung des Zytokins TNF-α (Tumornekrosefaktor α) im Kontext der Collagen-induzierten entzündlichen Arthritis an Kniegelenken der Maus zu detektieren. Dabei konnte die spezifische Kontrasterhöhung durch die Nutzung von antikörpermarkierten Nanopartikeln im Rahmen der molekularen optoakustischen Bildgebung eindrucksvoll nachgewiesen werden.

Bevor in Kapitel 3 die physikalischen Grundlagen des laserinduzierten Ultraschalls beschrieben werden sollen, wird im kommenden Abschnitt ein Überblick über die verschiedenen Forschungsaktivitäten auf dem Gebiet der optoakustischen Bildgebung gegeben. Dabei sollen die bisher entwickelten Bildgebungsplattformen samt ihrer spezifischen Vor- und Nachteile ebenso wie aktuelle Ergebnisse zur Nutzung von Nanopartikeln als Kontrastmittel für die molekulare optoakustische Bildgebung vorgestellt werden.

Kapitel 2

Stand der Technik

Obwohl die Grundlagen der physikalischen Effekte, auf denen die optoakustische Bildgebung beruht, schon seit mehreren Jahrzehnten bekannt sind [23][24], ist diese Art der Bildgebung erst in der jüngeren Vergangenheit in den Fokus der Forschergemeinde gerückt. Dies hängt zumindest zum Teil mit Entwicklungen in der Lasertechnologie zusammen, welche nanosekundengepulste energiereiche Lasersysteme in einer Vielzahl von Konfigurationen verfügbar gemacht haben. Die Entwicklungen der letzten Jahre in der optoakustischen Bildgebung können grob in drei Richtungen aufgespalten werden:

- Entwicklung von Bildgebungssystemen
- Entwicklung von Rekonstruktionsalgorithmen
- Entwicklung von (biologisch funktionalisierten) Kontrastmitteln

Bei den ersten Bildgebungssystemen, welche auf der Erzeugung von Ultraschallwellen durch Absorptionsprozesse beruhten, wurde noch Mikrowellenstrahlung im einstelligen GHz-Bereich als Signalquelle genutzt [25]. Durch relativ lange Pulsdauern konnten allerdings nur recht niederfrequente optoakustische Signale erzeugt werden, wodurch eine Auflösung resultierte, welche die Systeme für den klinischen Einsatz disqualifizierte. Darauf folgende Systeme führten die Nutzung von leistungsstarken gepulsten Lasern im sichtbaren und nahen Infrarot-Bereich des elektromagnetischen Spektrums ein. Da das Inverse der Pulsdauer die maximale Bandbreite der entstehenden Signale definiert, können mit Pulsen im Bereich von 10 ns schon sehr hochfrequente Ultraschallsignale im Bereich über 50 MHz erzeugt werden.

Die Entwicklung von Bildgebungssystemen hat unterschiedliche Plattformen hervorgebracht, wobei die prinzipiellen Unterschiede in der Anzahl der elektronischen Kanäle sowie in der geometrischen Konfiguration von optischer Anregung und Ultraschallwandler (Reflexion- und Transmissionssysteme) liegen. Die meisten Arbeitsgruppen haben in der Vergangenheit Einkanallösungen präferiert, welche neben einem erheblich geringeren Kostenfaktor auch eine einfachere Handhabung aufweisen. Jedoch gibt es auch bei Einkanalsystemen immense Unterschiede zwischen den möglichen Konfigurationen. Eine Variante besteht in der Verwendung einer Vielzahl von Ultraschallwandlerelementen mit einer einkanaligen Verstärkungs- und Digitalisierungselektronik. Ein solches System wurde von der Arbeitsgruppe „Biophysical Engineering Group" an der Universität Twente entwickelt. Das „Twente Photoacoustic Mammoscope" [26][27] besteht aus einem Ultraschall-Matrix-Array-Wandler mit 590 Elementen und einer 100 MHz Digitalisierungselektronik, welche mittels eines Multiplexers Signale eines definierten Wandlerelementes aufnimmt. Durch das Aussenden von 590 Laserpulsen und der sukzessiven Aufnahme der Signale eines jeden Elementes können dreidimensionale Datensätze einer Verteilung an optoakustischen Signalquellen gewonnen werden. Dieses System ist das erste, welches zur Durchführung einer klinischen Patientenstudie auf Basis der optoakustischen Bildgebung genutzt wurde [19]. Der Nachteil der Apparatur liegt jedoch in der langen Aufnahmedauer, welche die Verwendung einer einkanaligen Elektronik mit sich bringt. Dies äußerte sich in der klinischen Studie in einer mittleren Aufnahmedauer von ca. 30 min. Darüber hinaus besteht das Matrix-Array aus Elementen der Größe von 2 mm x 2 mm mit einem Pitch von 3,175 mm und einer Mittenfrequenz von 1 MHz, wodurch die Auflösung auf 2 - 4 mm begrenzt wird.

Eine alternative Möglichkeit besteht in der Verwendung eines Ultraschallwandlers und einer mechanischen Verfahreinheit zur Abrasterung der Probe. Ein solches System wurde in einer tomographischen Konfiguration von dem „Optical Imaging Laboratory" der Texas A&M University aufgebaut [14][15]. Dabei werden verschiedene Ultraschallwandler im Frequenzbereich von 3,5 bis 20 MHz durch eine zirkular scannende Achse um die Probe bewegt. An jeder der bis zu 240 Scanpositionen wird ein optoakustischer A-scan mit einem digitalen Oszilloskop aufgenommen, welcher zur späteren tomographischen Rekonstruktion an einen PC übertragen wird. Der Vorteil des Verfahrens liegt in der durch die tomographische Geometrie ermöglichten hohen Auflösung im Bereich von 20 bis 210 μm je nach verwendetem Ultraschallwandler. Demgegenüber steht jedoch die durch das Verfahren des Ultraschallwandlers bedingte hohe Aufnahmedauer, welche zur Erzeugung eines einzigen Querschnittsbildes benötigt wird. Darüber hinaus ist bei einem solchen System für jede aufgenommene Bildlinie ein Laserpuls notwendig, während bei mehrkanaligen Systemen ein Puls pro optoakustischem Querschnittsbild ausreicht. Ein ähnliches System zur tomographischen optoakustischen Bildgebung wurde in der jüngeren Vergangenheit am „Laboratory for Experimental Biological Imaging Systems (EBIS)" des Helmholtz Zentrum München entwickelt. Im Unterschied zu dem schon vorgestellten tomographischen System wird hier die Probe rotiert, während der zum Empfang genutzte Ultraschallwandler an einer festen Position verankert ist. Mit Ultraschallwandlern im Bereich um 15 MHz wird eine Auflösung der Größenordnung von 40 μm erreicht [16][28]. Eine Besonderheit des Systems liegt in dem multispektralen Ansatz, bei dem Querschnittsbilder der Probe unter Verwendung verschiedener Laserwellenlängen generiert werden. Aus den relativen Unterschieden der Signalamplituden in den verschiedenen Datensätzen können Strukturen mit bekannten Absorptionsspektren in den rekonstruierten Bildern lokalisiert werden.

Ebenfalls im „Optical Imaging Laboratory" der Texas A&M University wurde ein optoakustisches Dunkelfeldmikroskop aufgebaut, bei dem eine Probe mittels einer linearen Verfahreinheit abgerastert wird [17][18]. Zur Signalerzeugung wird ein gepulster Laserstrahl durch eine Abfolge von Linsen und Spiegeln so gebündelt, dass der optische Fokus mit dem akustischen Fokus des verwendeten Ultraschallwandlers übereinstimmt. Bei diesem konfokalen Aufbau ist die laterale Auflösung maßgeblich durch die Breite des akustischen Fokus begrenzt, so dass bei der Verwendung eines 50 MHz Ultraschallwandlers und einer akustischen Linse Signale mit einer Auflösung im Bereich von 40 - 50 μm mittels eines digitalen Oszilloskops aufgenommen werden können. Die Zeitinformation der gemessenen A-scans wird über die bekannte Schallgeschwindigkeit in eine Tiefeninformation umgewandelt. Aus der Aneinanderreihung mehrerer A-scans wird dann ein optoakustisches Querschnittsbild gewonnen, wobei auf einen Rekonstruktionsalgorithmus verzichtet werden kann. Die Aufnahmedauer für ein Querschnittsbild beträgt auch bei diesem Aufbau aufgrund des linearen Verfahrens des Ultraschallwandlers mehrere Sekunden bis wenige Minuten in Abhängigkeit von der Anzahl der Bildlinien.

Eine vollkommen andere Herangehensweise zur optoakustischen Bildgebung wurde vom „Department of Medical Physics and Bioengineering" des University College London gewählt. Dabei werden optoakustische Signale konventionell durch einen gepulsten Laser erzeugt, jedoch werden die Daten ebenfalls durch ein optisches Verfahren aufgenommen. Die Apparatur basiert auf einem Fabry-Perot Polymerfilm, welcher auf die Oberfläche des zu untersuchenden Gewebes platziert wird. Bei der Entstehung von optoakustischen Druckwellen wandern diese zur Oberfläche, wo sie die Dicke der Polymerschicht zeitlich modulieren. Mit einem zweiten Laserstrahl niedriger Energie wird die Oberfläche des Polymerfilms abgerastert, wobei die Amplitude des reflektierten Strahls durch die Variationen der Dicke des Fabry-Perot Polymers ebenfalls moduliert wird [29][30]. Mittels einer Photodiode wird die Amplitude des Messlasers zeitaufgelöst aufgenommen und an eine einkanalige Auslese-Elektronik zur Speicherung und späteren Verarbeitung übertragen. Aus diesen Daten kann auf die Schwankungen der Druckamplitude an der Gewebeoberfläche zurück geschlossen werden, welche über einen Rekonstruktionsalgorithmus auf die Signalquelle rückprojiziert werden können. Ein Vorteil des Systems liegt in der hohen Bandbreite des Detektors sowie in der Tatsache, dass keine komplexen Beleuchtungsgeometrien benötigt werden. Da der Detektionsfilm so gewählt wurde, dass er transparent für den Anregepuls aber reflektierend für den Messlaser ist, kann die Signalerzeugung einfach durch Beleuchtung der Probe durch den Polymerfilm geschehen. Die laterale Auflösung des Systems liegt im Bereich von 50 bis 100 μm und ist hauptsächlich durch die optische Fokussierung des Messstrahls begrenzt. Ein Nachteil liegt in der durch die Abrasterung der Probe bedingten hohen Messzeit. Zur optischen Abrasterung der Probe sind zwar schnelle scannende Spiegelsysteme vorhanden, jedoch wird die Messgeschwindigkeit durch die niedrige Pulswiederholrate des zur Signalerzeugung genutzten Lasers im Bereich weniger Hz begrenzt.

Im Gegensatz zu den vorgestellten Systemen, welche auf einkanaligen Messelektroniken basieren, sind Mehrkanalsysteme für die echtzeitfähige Bildgebung geeignet. Eine Voraussetzung dafür ist jedoch ein ausreichend leistungsstarker Laser mit dem eine komplette Ultraschallapertur mittels eines einzigen Pulses ausgeleuchtet werden kann, sowie eine Elektronik, welche die optoakustischen Signale an einer Vielzahl von Wandlerelementen simultan auslesen, verstärken und digitalisieren kann. Darüber hinaus müssen diese Signale in Echtzeit an einen PC übertragen werden und mittels eines schnellen Algorithmus rekonstruiert und angezeigt werden. Aus diesen Randbedingungen wird sofort ersichtlich, warum ein Mehrkanalsystem zur echtzeitfähigen optoakustischen Bildgebung eine wesentlich höhere technische Hürde darstellt.

Das erste solche System basiert auf einer früheren Version der Geräteplattform DiPhAS (Digital Phased Array System) des Fraunhofer IBMT, welches zusammen mit der Arbeitsgruppe „Biomedical Photonics" der Universität Bern für die echtzeitfähige optoakustische Bildgebung optimiert wurde [31]. Dieses System erlaubt es mit einer Wiederholrate von 7,5 Hz Signale von 64 Wandlerelementen mit jeweils 1024 Datenpunkten aufzunehmen, zu rekonstruieren und darzustellen. Neben der relativ niedrigen Wiederholrate stellt auch die Datenabtastrate von 30 MHz eine Einschränkung dar, da bei einer 4-fachen Überabtastung nur Signale mit bis zu 7,5 MHz aufgenommen werden können. Nichtsdestotrotz stellt dieses System die erste Plattform dar, welche in der Lage ist, aus nur einem einzigen Laserpuls ein komplettes optoakustisches Querschnittsbild zu gewinnen und dieses mit einer Wiederholrate von mehreren Hz darzustellen.

Ein weiteres Mehrkanalsystem wurde am „Optical Imaging Laboratory" der Washington University St. Louis entwickelt. Bei diesem System werden die optoakustischen Signale mit einem 48-elementigen Piezocompositewandler mit 100 μm Pitch aufgenommen und mit einer 8-kanaligen PCI Digitalisierungskarte mit 125 MHz Abtastrate aufgenommen. Zwischen beiden Komponenten sind 2 Multiplexerboards mit mehreren 3-auf-1 und 2-auf-1 Multiplexern geschaltet um die Signale der 48 Wandlerelemente auf die 8 verfügbaren Digitalisierungskanäle aufzuspalten. Zur Signalerzeugung wird ein diodengepumpter Nd:YLF Laser mit einer maximalen Pulswiederholrate von 1 KHz verwendet. Bei Testmessungen an Kohlenstofffasern wurde die laterale Auflösung des Systems zu ca. 80 μm bestimmt. Mit einer Bildwiederholrate von 50 Hz ist dieses System das schnellste bisher vorgestellte optoakustische Bildgebungssystem, welches zudem eine sehr hohe Auflösung aufweist. Allerdings ist diese Plattform nicht mit Sendestufen ausgestattet, so dass eine kombinierte Bildgebung aus Ultraschall und Optoakustik unmöglich ist.

Bei der Verwendung von mehrkanaligen Systemen und Wandlerarrays zur optoakustischen Bildgebung haben die verwendeten Rekonstruktionsalgorithmen einen ebenso großen Einfluss auf die Qualität der erzeugten Bilder wie die genutzte Hardware. Bei einer eindimensionalen Anordnung der Wandlerelemente, wie im Fall der Verwendung von linearen Arrays, stehen zwei Klassen von Algorithmen zur Verfügung. Zum einen können Signale auf Basis eines

Beamforming-Algorithmus [32] rekonstruiert werden, wobei die Laufzeitunterschiede in den Ankunftszeiten eines Signals an den verschiedenen Wandlerelementen ausgenutzt werden, um die Position der Signalquelle zu rekonstruieren. Eine weitere Möglichkeit zur Software-Rekonstruktion von Kanaldaten liegt in der Verwendung von Algorithmen, welche auf zweidimensionaler Fourier-Transformation basieren. Dabei werden die aufgenommenen Daten in beiden Dimensionen in den inversen Raum transformiert, in dem die Rückprojektion auf die ursprünglichen Signalquellen stattfindet. In einem weiteren Schritt werden die rückprojizierten Signale zurück in den Ortsraum transformiert, so dass die räumliche Verteilung an Signalquellen sichtbar wird. Ein solcher Algorithmus wurde in der Arbeitsgruppe „Biomedical Photonics" der Universität Bern entwickelt [33][34]. Ein Vorteil des Algorithmus liegt in der Möglichkeit der Verwendung höchsteffizienter FFT-Algorithmen zur Berechnung von Fouriertransformationen. Da die Komplexität eines solchen Algorithmus logarithmisch skaliert, während die Komplexität des Beamforming-Algorithmus linear in der Anzahl an Elementen und Datenpunkten ist, kann seine Verwendung eine Beschleunigung des Rekonstruktionsprozesses bieten. So benutzte zum Beispiel das schon erwähnte erste echtzeitfähige optoakustische Bildgebungssystem [31] einen solchen Algorithmus. Allerdings geht die Rekonstruktion im Frequenzbereich mit einer höheren mathematischen Komplexität einher, so dass physikalische Randbedingungen wie z.B. die Winkelabhängigkeit in der Sensitivität der einzelnen Wandlerelemente nur schwer in die Berechnung miteinbezogen werden können. Darüber hinaus scheint der Algorithmus eine höhere Empfindlichkeit gegenüber hohen Rauschpegeln aufzuweisen. Dies soll in Kapitel 5 näher betrachtet werden.

In Bezug auf die Nutzung der optoakustischen Technik zur Molekularen Bildgebung wurden in den vergangenen Jahren verschiedene Forschungsschwerpunkte definiert. Diese beinhalten neben den schon vorgestellten Entwicklungen von sensitiven Detektionsplattformen auch die Untersuchung unterschiedlicher Partikel- und Farbstoff-Typen in Bezug auf ihre Eignung als optoakustisches Kontrastmittel sowie die chemische Modifikation der Partikel mit biologischen Markermolekülen. Ein Großteil der Partikelforschung war in den letzten Jahren auf die Optimierung von Goldnanopartikeln konzentriert. Diese Art von Nanopartikeln ist durch die an ihnen auftretende Plasmonenresonanz und die daraus resultierenden enorm hohen Absorptionsquerschnitte in den Fokus der Forschergemeinde geraten. Obwohl die optischen Eigenschaften solcher Partikel schon lange bekannt sind, wurde das Potential als optoakustisches Kontrastmittel erst in den letzten Jahren ersichtlich. Goldnanopartikel weisen eine recht einfache Oberflächenchemie auf, sind in einer Vielzahl von Geometrien und Größen synthetisierbar und chemisch relativ inert, worauf die Hoffnungen auf biologische Verträglichkeit beruhen. Im Hinblick auf die Verwendung als optoakustisches Kontrastmittel wurden vor allem Nanoshells und Nanorods untersucht, da diese Partikeltypen es erlauben, die Wellenlänge maximaler Absorption durch Variation der Geometrie auf die gewünschte (Laser-)Wellenlänge zu verschieben. Während sphärische Gold-Nanopartikel vor allem Licht im Bereich um 500 - 600 nm absorbieren, kann die Absorption von Nanorods [35][36] und

Nanoshells [37] in dem Bereich erhöhter optischer Eindringtiefe in Gewebe („optisches Fenster" von 700 bis 1100 nm) verschoben werden.

Erste Erfahrungen in Bezug auf die Verwendung von Gold-Nanorods als optoakustische Kontrastmittel wurden am „Department of Electrical Engineering" der National Taiwan University gewonnen, wo sowohl *in-vitro* als auch *in-vivo* Versuche mit antikörpermarkierten Partikeln durchgeführt wurden [38][39]. Die Möglichkeit, den Kontrast von tumorösem Gewebe in optoakustischen Bildern selektiv durch die Verwendung funktionalisierter Nanorods zu verstärken, wurde in Kleintierexperimenten eindrucksvoll aufgezeigt. Dabei wurden OECM1-Zellen (Oral Squamous Cell Carcinoma), welche den epidermalen Wachstumsfaktorrezeptor HER2 (Human Epidermal growth factor Receptor 2) überexprimieren, in geringer Menge subkutan in den Rücken einer Maus injiziert. Nach Ausbilden eines subkutanen Tumors wurden mit HER2-Antikörpern markierte Gold-Nanorods intravenös appliziert, wodurch eine selektive Kontrastverstärkung der optoakustischen Signale des Tumorgewebes in der Größenordnung von 3 bis 10 dB erreicht werden konnte.

Die Verwendung von Gold-Nanoshells wurde unter anderem im „Optical Imaging Laboratory" der Texas A&M University untersucht [40]. Die Kontrasterhöhung des Tumorgewebes wurde dabei ohne die Markierung der Nanoshells erreicht und beruhte lediglich auf dem EPR-Effekt (Enhanced Permeability and Retention, [41]), welcher besagt, dass die aufgrund von starker Angiogenese im Tumor reichlich vorhandenen Gefäße für Makromoleküle und Nanopartikel leichter zu passieren sind, so dass die Partikel in das umliegende Gewebe diffundieren und dort agglomerieren können. Neben Gold-Nanopartikeln wurden weitere Materialien hinsichtlich ihrer Eignung als optoakustisches Kontrastmittel untersucht. Am „Department of Radiology and Bio-X Program" der Stanford University wurden Kohlenstoff-Nanoröhrchen (SWNT - single walled carbon nanotubes) als *in-vivo*-Kontrastmittel in ersten Kleintierversuchen eingesetzt [42]. Die verwendeten SWNT (Durchmesser 1-2 nm, Länge 50-300 nm) wurden mit zyklischen RGD-Peptiden, welche mit hoher Affinität an die in Neovaskulatur stark exprimierten $\alpha_\nu\beta_3$-Integrinen binden, markiert und intravenös verabreicht. Bei der Verabreichung von kleinen Mengen einer solchen SWNT-Suspension mit einer Konzentration im Bereich von 0,2 μmol konnte eine selektive Verstärkung des Kontrastes zwischen tumorösem und gesundem Gewebe festgestellt werden.

Partikel, welche auf organischen Substanzen basieren, stellen eine weitere Klasse von möglichen optoakustischen Kontrastmitteln dar. Sogenannte PEBBLEs (Photonic Explorers for Biomedical use by Biologically Localized Embedding) wurden am „Department of Biomedical Engineering" der University of Michigan entwickelt [43]. Dabei handelt es sich um Partikel, welche einen starken NIR-Farbstoff wie ICG (Indocyaningrün) in einer Matrix aus organisch modifiziertem Silikat (Ormosil) einschließen. Die Eignung der Partikel als Kontrastmittel wurde in verschiedenen *in-vitro*-Phantommessungen nachgewiesen. Messbare optoakustische Signale konnten in diesen Messungen bei Partikelkonzentrationen ab 10^{10} ml^{-1} nachgewiesen werden.

Die hier vorgestellten Systeme erlauben es, optoakustische Bilder mit zum Teil sehr hohen Auflösungen zu generieren. Insbesondere bei den Plattformen, bei denen die Bildgebung auf einer mechanischen Abrasterung der Probe beruht, wird die Möglichkeit eines späteren Einsatzes im klinischen Umfeld jedoch durch lange Aufnahmezeiten beschränkt. Auf der anderen Seite weisen Mehrkanalsysteme mit Linearwandler-Arrays meist eine geringere Auflösung sowie eine schlechtere Sensitivität auf. Dies ist insbesondere im Hinblick auf den Einsatz von optoakustischen Techniken im Rahmen der Molekularen Bildgebung kritisch, da hierbei meist schwache Signale von geringen Mengen an Kontrastmitteln detektiert und verarbeitet werden müssen. Eine messtechnische Verbesserung von Abbildungseigenschaften wie Auflösung und Sensitivität ist bei Mehrkanalsystemen jedoch mit nicht unerheblichem technischem Aufwand verbunden. Um Signalamplitude und somit das Signal-Rausch-Verhältnis (SRV) beispielsweise um 10 dB zu erhöhen, könnten 3-mal energiereichere Laserpulse verwendet werden oder alternativ optoakustische Signale 10-fach gemittelt werden. Während die erste Möglichkeit schon aus Gründen der Lasersicherheit [44] in den meisten Fällen nicht praktikabel ist, bedeutet die zweite Möglichkeit eine erhebliche Erhöhung der Messdauer. Ähnliches gilt für die Auflösung, da für eine Verbesserung derselben unter Umständen die Frequenz und der Pitch der genutzten Wandlerarrays sowie die Pulsdauer des zur Signalerzeugung eingesetzten Lasers verändert werden müssen.

An dieser Stelle setzt die vorliegende Arbeit an, bei der die Suche nach alternativen Möglichkeiten zur Verbesserung des SRV und der Auflösung einen thematischen Schwerpunkt darstellte. Dabei wurde sowohl der Einfluss einer optimierten Anpassung der spektralen Auflösung an die Frequenzen entstehender optoakustischer Signale (siehe Kapitel 4) als auch die Möglichkeit der Nutzung von neuen Rekonstruktions-Algorithmen (Kapitel 5) zur Verbesserung der Abbildungseigenschaften eines optoakustischen Systems untersucht.

Im Hinblick auf den klinischen Einsatz dieser Technologie kann die mangelnde Erfahrung bzgl. der Interpretation von optoakustischen Bildern eine Hürde darstellen. Während Gewebestrukturen in Ultraschallbildern meist recht eindeutig identifiziert werden können, fällt die Orientierung in optoakustischen Bildern wesentlich schwerer. Aus diesem Grund weist das in der vorliegenden Arbeit genutzte System einen kombinierten Bildgebungsmodus auf, welcher zusätzlich zu den optoakustischen Daten auch immer ein klassisches Ultraschall B-Bild liefert (Kapitel 6). Da die Plattform im Gegensatz zu den meisten kommerziellen Ultraschallsystemen jedoch auf Kanaldaten basiert, musste hierfür eine angepasste Ultraschall-Rekonstruktion (Software-Beamforming) entwickelt werden. Die Kombination beider Modalitäten erlaubt es, die optoakustischen Daten in den geometrischen Kontext der Ultraschallbilder zu setzen und sie somit mit den bewährten Vorteilen des Ultraschalls zu ergänzen.

Eine solche hybride Darstellung ist auch im Rahmen der molekularen optoakustischen Bildgebung vorteilhaft, da sie es ermöglicht, Signale, welche durch im Gewebe angereicherte spezifische Kontrastmittel erzeugt werden, in einen anatomischen Kontext zu setzen. In den vorgestellten Publikationen wurden dazu meist Nanopartikel mit hoher Absorption im NIR-Bereich um 700-900 nm genutzt. Zur Erzeugung der Signale mussten demnach

OPO Lasersysteme eingesetzt werden, bei denen die Wellenlänge in dem relevanten Absorptionsbereich der Partikel eingestellt werden kann. Solche Systeme sind jedoch aufgrund der anspruchsvollen Technik und der damit einhergehenden hohen Kosten nur bedingt für einen späteren klinischen Einsatz geeignet. Aus diesem Grund wurde der Schwerpunkt bei der Synthese von Kontrastmitteln ebenso wie bei den Untersuchungen zu deren Detektion in dieser Arbeit auf Nanopartikeln, welche eine hohe Absorption im Bereich der Wellenlänge von Nd:YAG Lasern aufweisen, gelegt. Ebenso wurden die Versuche zur Kopplung von biologischen Markermolekülen an Partikeln durchgeführt, welche die Verwendung von einfachen Nd:YAG Lasersystemen für die optoakustische Bildgebung prinzipiell erlauben (Kapitel 7). Die *in-vivo-*Versuche zum Nachweis der Machbarkeit der molekularen optoakustischen Bildgebung (Kapitel 9) wurden daher ebenso mit einem Nd:YAG-Laser durchgeführt wie erste Untersuchungen zur optoakustischen Darstellung von Blutgefäßen an Probanden (Kapitel 10).

Nachdem in diesem Kapitel eine Übersicht über die internationalen Forschungsaktivitäten der letzten Jahre im Bereich der (molekularen) optoakustischen Bildgebung gegeben wurde, sollen die zum Verständnis der Arbeit nötigen physikalischen Grundlagen dieser Bildgebungsmodalität im nächsten Abschnitt beschrieben werden. Dabei werden die unterschiedlichen Mechanismen wie Lichtabsorption in Gewebe und Schallausbreitung beschrieben, welche zur Entstehung eines optoakustischen Signals führen. Darüber hinaus soll auf die Eigenheiten optoakustischer Signale in Bezug auf die entstehenden Frequenzen eingegangen werden und die verschiedenen für die optoakustische Bildgebung nutzbaren Kontrastmittel genauer vorgestellt werden.

Kapitel 3

Physikalische Grundlagen

Die optoakustische Bildgebung basiert auf dem Zusammenspiel optischer und akustischer Effekte. Entsprechend der Chronologie der physikalischen Vorgänge, welche bei der Entstehung optoakustischer Signale wirken, werden in diesem Kapitel im Folgenden zuerst die optischen Grundlagen der Optoakustik und in einem weiteren Abschnitt die akustischen Grundlagen dieser Bildgebungsmodalität vorgestellt. Des Weiteren sollen die physikalischen Anforderungen an ein effizientes optoakustisches Kontrastmittel definiert und dessen Wirkungsprinzip beschrieben werden. Dies erfolgt im letzten Abschnitt dieses Kapitels.

3.1 Optische Grundlagen

Die optischen Eigenschaften von Gewebe bestimmen die Eindringtiefe sowie den Kontrast bei der optoakustischen Bildgebung. Ebenso beeinflusst die Lichtverteilung bei Laserbestrahlung die Verteilung an möglichen optoakustischen Signalquellen, wodurch die Kenntnis der Beleuchtungsgeometrie für die Vorhersage der entstehenden optoakustischen Signale besonders signifikant ist. Für die Beschreibung der Lichtverteilung in Gewebe stehen analytische und numerische Methoden zur Verfügung, welche eine Berechnung auf der Basis von wenigen optischen Gewebeparametern (Absorptions-, Streu- und Anisotropiekoeffizient) erlauben. Für homogene Medien mit gleichmäßig verteilten optischen Streuern und Absorbern kann dies am einfachsten durch eine Lösung der Strahlungstransportgleichung (Diffusionsnäherung) beschrieben werden. In diesem Fall kann ein exponentieller Abfall der Strahlungsintensität mit zunehmender Tiefe im Gewebe beobachtet werden. In Medien mit inhomogenen optischen Eigenschaften, wie es bei einer Vielzahl von biologischen Proben der Fall ist, können solche einfachen Formalismen nicht mehr angewendet werden. Eine mögliche simulatorische Herangehensweise für die Vorhersage der Lichtausbreitung in optisch inhomogenen biologischen Medien wird daher ebenfalls vorgestellt.

3.1.1 Analytische Beschreibung der Lichtausbreitung

Die einfachste Beschreibung der Verteilung der Strahlungsdichte in Gewebe basiert auf dem Lambert-Beer-Gesetz. Dieses Gesetz dient zur Beschreibung der Abhängigkeit der Strahlungsdichte von der zurückgelegten Wegstrecke in einem ausschließlich absorbierenden Medium mit Absorptionskoeffizienten μ_a. Letzterer gibt ein Maß für die Wahrscheinlichkeit eines Absorptionsprozesses pro zurückgelegte Wegstrecke an. Seine Einheit ist demnach $[cm^{-1}]$. Die Abhängigkeit der Strahlungsdichte von der Tiefe ergibt sich dann zu

$$I(z) = I_0 \cdot exp(-\mu_a z) \qquad (3.1)$$

Jedoch wird diese Beschreibung den tatsächlichen Verhältnissen in biologischem Gewebe nicht gerecht, da die oft vorhandene starke Streuung außer Acht gelassen wird. Im Gegensatz zu (theoretischen) Medien mit ausschließlicher Absorption ist in biologischem Gewebe die Streuung der dominierende Vorgang. Sie wird beschrieben durch den Streukoeffizienten μ_s, welcher in Analogie zur Definition des Absorptionskoeffizienten ein Maß für die Wahrscheinlichkeit eines Streuereignisses pro zurückgelegte Wegstrecke angibt. Darüber hinaus erlaubt der Parameter g, genannt Anisotropiekoeffizient, eine Aussage über die Richtungsabhängigkeit der Streuung und ist definiert über den Mittelwert des Cosinus der polaren Winkel θ zwischen der ursprünglichen Richtung und der Richtung des Photons nach dem Streuereignis.

$$g = \langle cos\theta \rangle = \int_{4\pi} p\left(cos\theta\right) cos\theta d\Omega \qquad (3.2)$$

Der Anisotropiekoeffizient nimmt naturgemäß Werte zwischen -1 und 1 an, wobei -1 bedeutet, dass es sich um ausschließliche Rückwärtsstreuung handelt, $g = 0$ steht für isotrope Streuung und $g = 1$ beschreibt den Fall ausschließlicher Vorwärtsstreuung.

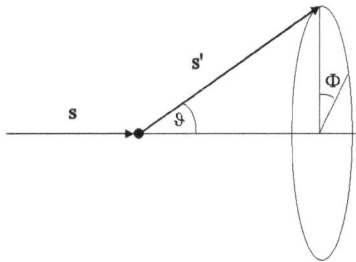

Abbildung 3.1: Winkel bei einem Streuereignis

Bei den meisten Problemstellungen ist es ausreichend, eine Richtungsabhängigkeit bezüglich des polaren Winkels θ zu betrachten. Der Winkel Φ wird in diesen Fällen nicht berücksichtigt, da von einer Isotropie der azimutalen Streuung ausgegangen wird. Um die Streuvorgänge in die Beschreibung der tiefenabhängigen Lichtintensität mit einzubinden, muss das Lambert-Beer-Modell durch die Einbeziehung der Parameter g und μ_s erweitert werden. Einen realitätsnäheren Formalismus liefert eine Approximation der Strahlungstransportgleichung, welche als Diffusionsnäherung bekannt ist. Bei dieser Näherung wird die Streuphasenfunktion $p(s, s')$, welche als Term in der Strahlungstransportgleichung vorkommt, nach Legendre-Polynomen $P_l(cos\theta)$ entwickelt. Je nachdem bis zu welcher Ordnung n die Entwicklung fortgesetzt wird, spricht man von einer P_n-Entwicklung, wobei die P_0 Approximation von einer Isotropie der Streuung ausgeht. Die als Diffusionsnäherung bekannte P_1-Approximation berücksichtigt Terme erster Ordnung in $cos\theta$ und liefert befriedigende Ergebnisse unter der Voraussetzung, dass der Absorptionskoeffizient μ_a klein gegenüber dem reduzierten Streukoeffizienten $\mu_s' = \mu_s(1-g)$ ist. Zur Beschreibung der Tiefenabhängigkeit der Strahlungsdichte in Gleichung 3.1 kann der Absorptionskoeffizient in dieser Näherung durch einen effektiven Schwächungskoeffizienten μ_{eff}, welcher die Art und Intensität der Streuung berücksichtigt, ersetzt werden:

$$\mu_{eff} = \sqrt{3\mu_a\left(\mu_a + (1-g)\mu_s\right)} \tag{3.3}$$

Diese Betrachtungsweise liefert einen einfachen Zusammenhang zwischen der Lichtintensität an der Oberfläche und der Intensität im Gewebe. Der Kehrwert des Schwächungskoeffizienten μ_{eff} ist bekannt als optische Eindringtiefe und gibt die Tiefe im Gewebe an, nach welcher die Intensität auf $1/e$ ihres ursprünglichen Wertes abgefallen ist:

$$\delta_{eff} = \frac{1}{\mu_{eff}} \tag{3.4}$$

Obwohl der vorgestellte analytische Ansatz zur Beschreibung der Lichtverteilung im Fall von homogenem Gewebe zufriedenstellende Ergebnisse liefern kann, ist er nur mäßig geeignet, um diesen Sachverhalt bei räumlich variierenden optischen Gewebeparametern zu klären. In diesem Fall bietet sich das mathematische Werkzeug der Monte Carlo Simulation [45][46] an, welches den Photonenfluss im Gewebe simuliert, indem der Weg des einzelnen Photons mittels Zufallszahlen beschrieben wird.

3.1.2 Numerische Beschreibung der Lichtausbreitung

Zur Berechnung einer Lichtverteilung in inhomogenen Medien mit Hilfe einer Monte Carlo Simulation müssen die Startpunkte und die Richtungen der Photonen, welche sich aus dem Öffnungswinkel des Laserstrahls ergeben, in einem ersten Schritt definiert werden. Je nach verwendetem Modell wird eine feste oder variable freie Wegstrecke für das Photon gewählt. Nachdem diese Strecke zurückgelegt wurde, muss anhand einer Zufallszahl über den weiteren Werdegang des Photons entschieden werden. Es ergeben sich folgende Möglichkeiten:

- Das Photon bewegt sich weiter auf einer geraden Linie, ohne in Wechselwirkung mit

Gewebepartikeln zu treten.

- Das Photon trifft auf einen Partikel und wird absorbiert. In diesem Fall erhöht sich die Strahlungsdichte am Ort des Photons. Ob es zu diesem Absorptionsprozess kommt, entscheidet eine Zufallszahl.
- Das Photon wird gestreut. Der neue Streuwinkel ergibt sich aus einer Zufallszahl und dem Anisotropiefaktor g beziehungsweise der Streuphasenfunktion.

Dieser Entscheidungsprozess wird so lange wiederholt, bis das betrachtete Photon entweder absorbiert wurde oder die Grenzen der Probe durch Rückstreuung oder Transmission überschreitet. Danach wird ein neues Photon „gestartet". In der vorgestellten Simulation wird die Methode der variablen Schrittweite gewählt, um die Absorptionsverteilung der Energie zu simulieren. Sie zeichnet sich gegenüber der Methode der festen Schrittweite durch einen deutlich geringeren Rechenaufwand aus. Für die Schrittweite wird eine Darstellung gewählt, welche gewährleistet, dass die Wahrscheinlichkeit eines freien Weges abnimmt, wenn die Weglänge zunimmt:

$$\Delta s = -\frac{ln\xi}{\mu_t} \qquad (3.5)$$

Hierbei ist ξ eine Zufallszahl mit Werten zwischen 0 und 1, und μ_t ist der totale Schwächungskoeffizient:

$$\mu_t = \mu_a + \mu_s \qquad (3.6)$$

Nachdem die Strecke Δs zurückgelegt wurde, kommt es zu einem Streu- oder Absorptionsereignis. Dazu wird eine weitere Zufallszahl ξ_2 mit dem Albedo a verglichen, welches als

$$a = \frac{\mu_s}{\mu_a + \mu_s} = \frac{\mu_s}{\mu_t} \qquad (3.7)$$

definiert ist. Falls $\xi_2 < a$ gilt, wird das Photon gestreut. Gilt jedoch $\xi_2 > a$, kommt es zur Absorption und die Strahlungsdichte am Ort des Photons wird gemäß der Photonenenergie erhöht. Bei einem Streuereignis muss aus der alten Photonenposition (x, y, z) die neue Position unter Berücksichtigung der Streuwinkel θ und ϕ bestimmt werden. Der Verbindungsvektor der beiden Positionen ergibt sich dabei aus den beiden Winkeln und der Schrittweite Δs zu

$$\Delta x = \Delta s \cdot u_x \qquad (3.8)$$
$$\Delta y = \Delta s \cdot u_y \qquad (3.9)$$
$$\Delta z = \Delta s \cdot u_z \qquad (3.10)$$

wobei die Koordinaten des Richtungsvektors $\vec{u}$ nach einer Transformation in kartesische Koordinaten wie folgt lauten

$$u_x = cos\phi sin\theta \quad (3.11)$$
$$u_y = sin\phi sin\theta \quad (3.12)$$
$$u_z = cos\theta \quad (3.13)$$

Die Streuwinkel werden dabei durch Zufallszahlen und die Phasenfunktion bestimmt, wobei für den als isotrop angenommenen azimutalen Winkel ϕ gilt:

$$\phi_\xi = 2\pi\xi \quad (3.14)$$

Wenn die Henyey-Greenstein-Methode [47] zur Beschreibung der Phasenfunktion genutzt wird, gilt für den Winkel θ in Abhängigkeit einer Zufallszahl ξ:

$$cos\theta_\xi = \frac{1}{2g}\left(1 + g^2 - \left(\frac{1-g^2}{1+g-2g\xi}\right)^2\right) \quad (3.15)$$

Dieser Ausdruck kann aus einer Normierungsbedingung für die Phasenfunktion nach [45] hergeleitet werden. Da die Streuwinkel immer in einem Photonenkoordinatensystem Σ' gegeben sind, dessen z-Achse mit der Ausbreitungsrichtung zusammenfällt, müssen die Koordinaten des Vektors ($\Delta x, \Delta y, \Delta z$) noch in das ortsfeste Koordinatensystem Σ transformiert werden, bevor zum nächsten Streu- oder Absorptionsereignis übergegangen werden kann.

Neben der Möglichkeit, den Weg des einzelnen Photons zu berechnen, kann die Simulation auch für ganze Photonenpakete durchgeführt werden. Bei dieser Methode startet jedes Photonenpaket mit einem definierten Gewicht (Anzahl der Photonen), welches nach jeder zurückgelegten Wegstrecke entweder einem Streu- oder Absorptionsprozess unterzogen wird. Bei letzterem wird das Gewicht des Pakets reduziert und die Energie im betrachteten Volumenelement erhöht. Der Weg des einzelnen Pakets wird beendet, sobald das Gewicht einen als Abbruchkriterium definierten Wert unterschreitet. Die vorgestellten Methoden zur Beschreibung des Weges werden sowohl auf Simulationen mit einzelnen Photonen als auch mit Photonenpaketen angewendet. Als Ergebnis liefern diese Berechnungen die Energiedichte, welche bei Bedarf durch die Division durch den lokalen Absorptionskoeffizienten in die Strahlungsdichte umgerechnet werden kann. Diese Art der Simulation bietet gegenüber anderen Verfahren den Vorteil, dass die Gewebeeigenschaften beliebig parametrisierbar sind und somit optische Inhomogenitäten unterschiedlichster Geometrien berechnet werden können. Die Umwandlung der hier berechneten optischen Energieverteilungen in akustische Signale ist

Gegenstand des nächsten Abschnitts.

3.2 Akustische Grundlagen

Die Entstehung eines Ultraschalltransienten bei der Bestrahlung von Gewebe mit Laserpulsen kann verschiedene Ursachen haben. So entstehen bei dem Materialabtrag durch Photoablation kurze intensive Transiente, die durch den Impulsübertrag von ausgestoßenem Material hervorgerufen werden, wobei es sich jedoch im Gegensatz zu den Vorgängen bei der optoakustischen Bildgebung um einen irreversiblen Prozess handelt. Daneben können Transienten zumindest theoretisch durch den Impulsübertrag von Photonen und durch Elektrostriktion induziert werden, welche aber aufgrund ihrer schwachen Amplituden zu vernachlässigen sind. Die Entstehung von Ultraschalltransienten im Rahmen des hier betrachteten optoakustischen Effekts basiert auf der Absorption der elektromagnetischen Strahlung. Die physikalischen Vorgänge bei diesem Effekt sollen im folgenden Abschnitt erläutert werden. Des Weiteren wird der Einfluss der Laserpulsdauer und des Strahlprofils vorgestellt. Im letzten Abschnitt werden Möglichkeiten zur Berechnung von optoakustischen Signalen einiger relevanter Strukturen vorgestellt.

3.2.1 Optoakustischer Druckaufbau

Licht, welches auf Materie trifft, kann reflektiert, gestreut oder absorbiert werden. Die ersten beiden Vorgänge sind im Kontext der Optoakustik uninteressant, da bei ihnen keine Umwandlung der elektromagnetischen Energie in Wärme zustande kommt. Im Gegenteil dazu wird bei Absorptionsvorgängen das Licht an bestimmten Materiepartikeln in Wärme umgewandelt, welche sich in einer Temperaturerhöhung $\Delta\theta$ bemerkbar macht. Aus der Temperaturerhöhung resultiert eine Volumenvergrößerung ΔV, was unter den richtigen Voraussetzungen zu einem Überdruck p_0 führt. Dieser Sachverhalt wird als thermoelastischer Effekt bezeichnet.

Die Tiefenverteilung der Strahlungsdichte innerhalb von Gewebe wurde bereits im vorherigen Abschnitt erläutert. Sie ermöglicht eine Aussage über die vorhandene Energiemenge pro Flächeneinheit in einer Tiefe z. Wird jedoch nach der absorbierten Energie pro Volumenelement H gefragt, welche letztendlich eine Aussage über den zu erwartenden Druck ermöglicht, so muss die Strahlungsdichte mit dem Absorptionskoeffizienten des betrachteten Raumelements multipliziert werden. In einem Medium mit homogenen optischen Eigenschaften (Absorptions-, Streu-, und Anisotropiekoeffizient) gilt daher:

$$H = \mu_a \cdot I \qquad (3.16)$$

Für den Fall eines infinitesimal kurzen Laserpulses kann ein einfacher linearer Zusammenhang zwischen der pro Volumen absorbierten Energie H und dem erzeugten Druck p über den Proportionalitätsfaktor Γ (Grüneisenkoeffizient) hergestellt werden:

$$p_0 = \Gamma \cdot \mu_a \cdot I \qquad (3.17)$$

Der Grüneisenkoeffizient gibt den Anteil der erzeugten Wärme an, der in Druck umgewandelt wird, und ist definiert über:

$$\Gamma = \frac{\beta c^2}{C_p} \qquad (3.18)$$

Als Produkt der temperaturabhängigen Größen Schallgeschwindigkeit c, Volumenexpansionskoeffizient β und spezifische Wärmekapazität (bei konstantem Druck) C_p ist der Grüneisenkoeffizient ebenfalls temperaturabhängig. Er nimmt für Wasser, welches bezüglich thermischer und akustischer Eigenschaften eine gute Approximation für biologisches Gewebe darstellt, die Werte 0,12 bei 20°C und 0,2 bei 35°C an [48].

3.2.2 Einfluss der Laserparameter

Der im vorigen Abschnitt vorgestellte Formalismus zur Beschreibung des Druckaufbaus durch Laserbestrahlung berücksichtigt nicht den Parameter der Pulsdauer. Daher kann damit lediglich ein maximaler Wert für den unter idealen Randbedingungen zu erwartenden Druck für eine gegebene Konfiguration aus Strahlungsdichte und optischen Konstanten angegeben werden. Ob der Druck diesen Maximalwert erreicht, hängt von dem Verhältnis der Pulsdauer τ_p zu den Zeitkonstanten dissipativer Effekte ab. Als Quelle eines optoakustischen Signals wird die Region in der optisch absorbierenden Struktur angesehen, in der auch tatsächlich Licht absorbiert wird. Die Ausdehnung dieses Bereiches hängt von der Stärke der Absorptionsvorgänge ab und wird durch den Parameter der Eindringtiefe δ_{eff} beschrieben. Wird während der Bestrahlung Energie aus diesem Bereich abgeführt, sei es in akustischer oder in thermischer Form, so steht diese Energie dem Druckaufbau nicht mehr zur Verfügung. Die relevanten Zeitskalen in diesem Zusammenhang sind die thermische Relaxationszeit τ_{th} und die akustische Relaxationszeit τ_{ak}. Sie geben die Zeitspanne an, in der Energie durch thermische oder akustische Prozesse die Strecke der optischen Eindringtiefe δ_{eff} zurücklegt. Um diese Verlustprozesse zu verhindern, müssen folgende Randbedingungen eingehalten werden:

$$\tau_p \ll \tau_{th} = \frac{\delta_{eff}^2}{4\lambda} \qquad (3.19)$$

$$\tau_p \ll \tau_{ak} = \frac{\delta_{eff}}{c} \qquad (3.20)$$

Die Größen c und λ bezeichnen hier die Schallgeschwindigkeit im Medium und den Temperaturleitwert (beziehungsweise Wärmediffusionskonstante). Die Einhaltung der Bedingungen 3.19 und 3.20 garantiert, dass die Entstehung optoakustischer Signale auf einer kürzeren Zeitskala geschieht als deren Abklingen durch dissipative Effekte.

3.2.3 Berechnung von optoakustischen Signalen relevanter Strukturen

Die im vergangenen Abschnitt vorgestellten Zusammenhänge erlauben es, den durch thermoelastische Effekte bei Laserbestrahlung hervorgerufenen Druck abzuschätzen. Jedoch kann mit diesen Formalismen keine Aussage über die tatsächlichen Signale und deren zeitlichen Verlauf gemacht werden. Zu diesem Zweck muss die inhomogene Wellengleichung

$$\left(\nabla^2 - \frac{1}{c^2}\frac{\partial}{\partial t^2}\right) p = \frac{-\beta}{C_p}\frac{\partial H}{\partial t} \qquad (3.21)$$

gelöst werden, bei der C_p die spezifische Wärmekapazität und β den Wärmeausdehnungskoeffizienten darstellt. Die Variable H beschreibt die Aufheizfunktion, mit welcher der Wärmeeintrag durch Absorptionsprozesse im Medium als Funktion von Ort und Zeit berücksichtigt wird. Die Einheit von H ist demnach J/m^3. Eine analytische Lösung dieser Differentialgleichung ist nur in den wenigen Fällen möglich, in denen auch die Funktion H einfach beschrieben werden kann. Dies ist zum Beispiel für ein homogen absorbierendes und streuendes Medium oder für zylindrische oder sphärische absorbierende Strukturen in einem nicht absorbierenden Hintergrundmedium der Fall. Die beiden letzteren Fälle sind im Hinblick auf den Einsatz der optoakustischen Bildgebung im klinischen Kontext von besonderer Relevanz, da homogene zylindrische oder sphärische Absorber als Modelle für Blutgefäße oder Tumore genommen werden können. Diese drei Spezialfälle sollen im Folgenden erörtert werden.

Homogene Absorption

Im Fall homogener optischer Eigenschaften im Medium kann die Funktion H einfach durch einen exponentiellen Abfall mit der Konstante μ_{eff} beschrieben werden

$$H(z) = \mu_a \cdot I_0 \cdot e^{-\mu_{eff} z} \qquad (3.22)$$

Gleichung 3.21 kann dann durch die Verwendung einer Laplace-Transformation gelöst werden [49], wobei die Zeitabhängigkeit der Funktion H im einfachsten Fall als infinitesimal kurzer δ-Peak angenommen wird. Aus dem exponentiellen Abfall der Funktion H folgt ein ebenfalls exponentiell abfallendes Drucksignal mit Abfallskonstante $-\mu_{eff} c$.

Dies wird im Folgenden am Beispiel einer homogen absorbierenden Schicht ($\mu_{eff} = 1 \text{ cm}^{-1}$) der Dicke d = 8 mm veranschaulicht. Je nachdem auf welcher Seite der Probe das Drucksignal

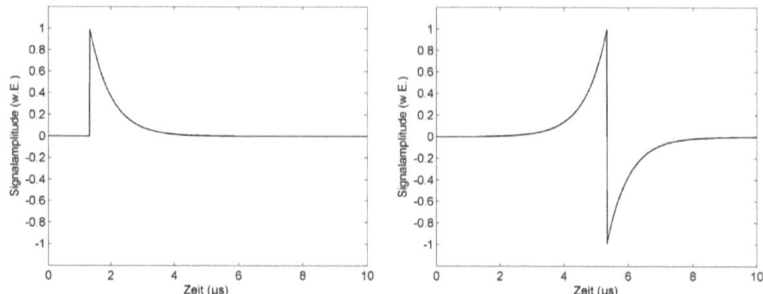

Abbildung 3.2: Normierte Drucktransienten bei homogen absorbierendem Medium ($\mu_{eff} = 1$ cm^{-1}, Schichtdicke = 8 mm), Detektion in Reflexion (links) und Transmission (rechts)

gemessen wird, entsteht ein mono- oder bipolares Signal. Die negativen Anteile in dem bipolaren Signal kommen durch den Phasensprung infolge der akustischen Reflexion an der Grenzfläche zwischen der absorbierenden Schicht und dem umliegenden Medium zustande. Um den tatsächlichen Druckverlauf unter Berücksichtigung der zeitlichen Ausdehnung des Laserpulses zu erhalten, muss das berechnete Signal noch mit dessen Zeitprofil gefaltet werden. Die Zeitfunktion *f(t)*, welche den Verlauf des Laserpulses beschreibt, kann daher als Tiefpassfilter für das Drucksignal fungieren.

Sphärische Absorber

Für streng kugelsymmetrische Probleme kann das laserinduzierte Drucksignal über das Geschwindigkeitspotential $\Phi(\vec{x}, t)$, welches als zeitliche Ableitung des Druckes gemäß

$$p(r,t) = \frac{\partial}{c\partial t}\Phi(r,t) \qquad (3.23)$$

definiert ist, berechnet werden [50][51]. Eine homogene kugelsymmetrische Absorption ist allerdings nur realistisch, wenn der Durchmesser der absorbierenden Struktur in der Größenordnung der optischen Eindringtiefe liegt, da sonst aufgrund starker Absorption an der Oberfläche nur noch wenig Licht im Inneren der Struktur für weitere Absorptionsprozesse zur Verfügung steht. Wenn diese Bedingungen jedoch erfüllt sind, kann über das Profil des Drucktransienten sehr einfach über den Umweg des Potentials Φ zu

$$p(r,t) = \frac{r-ct}{2r} \cdot p_0\left(|r-ct|\right) \qquad (3.24)$$

berechnet werden. In diesem Beispiel bezeichnet r den Abstand des Beobachtungspunkts vom Ursprung und p_0 steht für den durch Absorptionsprozesse generierten Druck zum Zeitpunkt $t = 0$. Im Fall einer homogenen schwach absorbierenden Quelle mit Durchmesser R_s kann das radiale Profil von p_0 mit einer Heaviside-Funktion der Breite R_s gleichgesetzt werden. Das folgende Beispiel zeigt drei mit diesem Modell berechnete Druckverläufe.

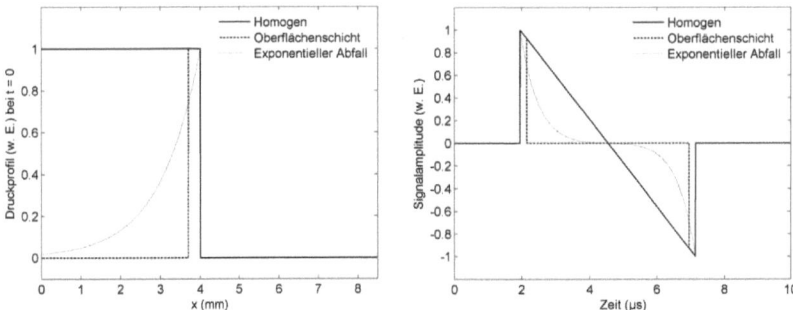

Abbildung 3.3: Radialer Druckverlauf bei t=0 (links) sowie Drucktransienten als Funktion der Zeit für verschiedene kugelsymmetrische Absorptionsgeometrien (rechts)

Die Signale wurden unter der Annahme eines infinitesimalen Laserpulses sowie drei verschiedener kugelsymmetrischer Absorptionsgeometrien (homogene Absorption, absorbierende Oberflächenschicht, exponentieller Abfall von der Oberfläche zum Zentrum) berechnet. Obwohl dieser Ansatz für einige wenige Spezialfälle gut geeignet ist, kann er bei komplizierteren Absorptionsgeometrien nur bedingt verwendet werden. In manchen Fällen kann auf eine Berechnung auf der Basis des Poisson-Integrals zurückgegriffen werden. Dabei wird das Signal eines Drucktransienten am Ort $\vec{x}$ berechnet, indem der bei $t=0$ durch Absorptionsprozesse aufgebaute Druck p_0 über Kugelflächen im Abstand $d = ct$ zu jedem Zeitpunkt t integriert wird.

$$p(\vec{x}, t) = \frac{1}{4\pi c} \frac{\partial}{\partial t} \int_{|\vec{x}-\vec{x'}|=ct} \frac{p_0\left(\vec{x}, t - |\vec{x} - \vec{x'}|/c\right)}{|\vec{x} - \vec{x'}|} dA \qquad (3.25)$$

Ein Nachteil dieser Methode ist der wesentlich höhere kalkulatorische Aufwand, da die Flächenintegrale in den meisten Fällen nur numerisch berechnet werden können. Wenn die sphärische Quelle jedoch vom Punkt $\vec{x}$, an dem der Transient berechnet wird, weit entfernt ist, können die Flächenintegrale, welche Schnitte durch eine Kugel darstellen, als Kreisflächen approximiert werden, was die Berechnung wesentlich vereinfacht.

Dadurch vereinfacht sich das Integral in Gleichung 3.25 im Fall einer sphärischen Absorptionsquelle mit Radius R, welche sich im Abstand r zum Koordinatenursprung befindet zu

$$\frac{p_0 \pi \left(R^2 - (r - tc)^2\right)}{ct} \qquad (3.26)$$

für Werte von ct im Bereich $r - R < ct < r + R$. Bei homogener Absorption in der Signalquelle kann p_0 dabei als konstant angesehen werden. Wird jedoch eine Geometrie gewählt, bei der ein

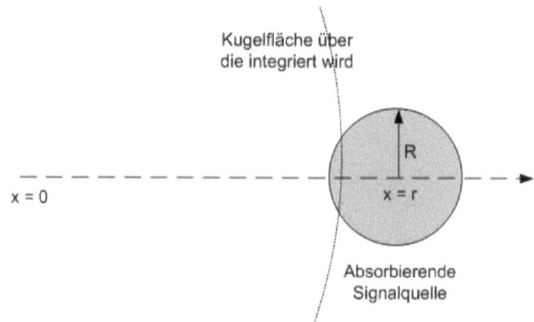

Abbildung 3.4: Geometrie bei der Berechnung von Poisson-Integral im Fall von sphärischen Absorbern

exponentieller Abfall des Initialdrucks p_0 gegeben ist, so kann dieser durch $p_0 \cdot exp^{-\mu_{eff}(ct-(r-R))}$ ersetzt werden. Ein Ausdruck für das Drucksignal p(,t) kann dann gemäß Gleichung 3.25 durch Differenzierung des Ausdrucks 3.26 gewonnen werden.

Zylindrische Absorber

Für zylindrische absorbierende Strukturen mit Radius R kann es ebenfalls hilfreich sein, das erzeugte optoakustische Drucksignal über den Umweg des Geschwindigkeitspotentials Φ zu berechnen [50]. Wenn sich der Beobachtungspunkt r im Fernfeld der Quelle befindet, so dass $r >> R$ gilt, dann kann das Geschwindigkeitspotential durch

$$\Phi(R,r,t) = \frac{1}{4\pi} \int_{r-R}^{b} \sqrt{\frac{R^2 - (x-r)^2}{(ct)^2 - x^2}} dx \cdot P_0(ct - (r-R)) \quad (3.27)$$

berechnet werden, wobei $b = ct$, wenn $r - R < ct < r + R$ und $b = r + R$, wenn $ct > r + R$. Für Werte von $ct < r - R$ ist der akustische Transient noch nicht bis zum Beobachtungspunkt gelangt und das Geschwindigkeitspotential ist demnach Null.

Wenn die Eindringtiefe des Lichts im Zylinder in dem gleichen Größenbereich wie dessen Radius liegt, kann der Zylinder als optisch homogen angesehen werden. In diesen Fällen kann die Funktion p_0 in der Berechnung gemäß Gleichung 3.27 als Heaviside-Stufenfunktion angesetzt werden. Ein Beispiel für ein Signal eines Zylinders mit Radius $R = 0,5$ mm wird in Abbildung 3.5 dargestellt.

Wie in den letzten beiden Abschnitten dargelegt wurde, können optoakustische Signale von Strukturen mit einfachen Geometrien unter der Annahme homogener Absorption mit verschiedenen Herangehensweisen analytisch berechnet werden. In der Praxis sind solche Konfigurationen aus regelmäßigen Geometrien und homogener Absorption jedoch nur sehr selten vorhanden, so dass zur Berechnung von optoakustischen Signalen in den meisten Fällen auf Simulationen zurückgegriffen werden muss. Mögliche Algorithmen zur Vorhersage

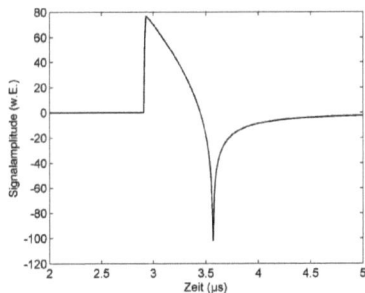

Abbildung 3.5: Optoakustisches Signal eines Zylinders mit Radius $R = 0,5$ mm

von Signalen beliebiger Quellen werden daher im zweiten Teil der Arbeit in Kapitel 4 vorgestellt. Solche numerischen Berechnungen erlauben es, die Frequenzeigenschaften von optoakustischen Signalen definierter Quellen vorherzusagen um die spektrale Auflösung der zur Detektion eingesetzten Wandler zwecks Optimierung des SRV daran anzupassen. Während eine gute spektrale Anpassung von optoakustischen Signalen und Ultraschallwandlern den SRV erhöht und somit die Sensitivität der Bildgebung steigert, müssen zur Verbesserung der Selektivität Kontrastmittel herangezogen werden. Im folgenden Abschnitt sollen daher mögliche für die Optoakustik verwendbare Nanopartikel sowie die Mechanismen, auf denen deren kontrastbildender Effekt beruht, vorgestellt werden.

3.3 Kontrastmittel

In der optoakustischen Bildgebung basiert der Bildkontrast auf Unterschieden zwischen den Absorptionskoeffizienten μ_a verschiedener Strukturen. Um den Kontrast zu erhöhen, müssen demnach diese Unterschiede verstärkt werden. Zu diesem Zweck stehen verschiedene Stoffe zur Verfügung, welche alle einen sehr hohen Absorptionskoeffizienten aufweisen und entweder als Partikel oder gelöste Moleküle vorliegen. Die verschiedenen Arten möglicher Kontrastmittel werden im Folgenden vorgestellt.

3.3.1 Farbstoffe

Farbstoffe sind als optoakustische Kontrastmittel geeignet, sofern sie Licht im sichtbaren und NIR Bereich des elektromagnetischen Spektrums absorbieren und die absorbierte Energie nicht oder nur geringfügig durch optische Prozesse wie Fluoreszenz wieder abgeben. Der Energieeintrag in das Gewebe, welcher für die Entstehung optoakustischer Signale notwendig ist, wird dabei durch Schwingungsanregung der Bindungen in dem Farbstoff bewerkstelligt. Einer der am besten in diesem Zusammenhang untersuchten Stoffe ist Indocyaningrün

(ICG), welcher sich besonders durch einen extrem hohen molaren Extinktionskoeffizienten ϵ [cm^{-1} mol $^{-1}$] auszeichnet. Dieses auch als Fluoreszenz-Farbstoff benutzte Molekül weist ein Absorptionsmaximum auf, welches, je nach Art des Lösungsmittels, im Bereich von 700-750 nm liegt. Der Einsatz von ICG für die optoakustische Angiographie und die spektroskopische Bildgebung *in vivo* wurde in [52] und [53] dokumentiert. Ein Nachteil von Kontrastmitteln, welche auf diesem Farbstoff basieren, liegt in der relativ hohen Empfindlichkeit gegenüber Laserbestrahlung und dem daraus resultierendem Ausbleichen. Als alternativer NIR-Farbstoff mit höherer Resistenz gegenüber Ausbleichen wurde Alexa Fluor 750 (invitrogen) vor allem zur Multispektralen Optoakustischen Bildgebung eingesetzt [54]. Das schmale Absorptionsmaximum bei 750 nm erlaubt es, die Signale durch Vergleichsmessungen bei mehreren Wellenlängen eindeutig dem Farbstoff zuordnen zu können und somit Signalanteile des Farbstoffs von denen natürlicher Gewebechromophoren zu unterscheiden. Nanopartikelbasierte Systeme, wie sie im folgenden Abschnitt vorgestellt werden, können jedoch unter bestimmten Voraussetzungen die molaren Extinktionskoeffizienten von Farbstoffen bei weitem übertreffen. Darüber hinaus weisen sie nur in Ausnahmefällen Ausbleichungseffekte auf.

3.3.2 Nanopartikel

Bei Kontrastmitteln, welche in der Form von Nanopartikeln vorliegen, muss zwischen zwei Typen unterschieden werden: Partikel, welche zumindest teilweise aus den Edelmetallen Silber, Gold oder Kupfer bestehen, weisen bei Bestrahlung mit sichtbarem oder NIR-Licht kollektive Schwingungen der Oberflächenelektronen auf, welche als Plasmonenresonanzen bekannt sind [55][56]. Dieser Effekt verhilft den Partikeln zu immens hohen Absorptionsquerschnitten, welche weit über den geometrischen Abmessungen der Partikel selbst liegen. Die zweite Kategorie besteht aus Partikeln, welche diesen Oberflächenplasmonen-Resonanzeffekt nicht aufweisen.

Plasmonenresonante Partikel

Unter bestimmten Bedingungen können in Metallen kollektive Anregungen von freien Elektronen zu Plasmaschwingungen gegen die Ionenrümpfe angeregt werden. Wird ein äußeres elektrisches Feld auf einen Metallpartikel angelegt, so werden die Elektronen der äußeren Schalen aus ihren „Ruhepositionen" gegenüber den positiven Ionenrümpfen ausgelenkt und aufgrund der auftretenden rücktreibenden Kräfte in Schwingung versetzt. Diese kollektiven Schwingungen der Oberflächenelektronen sind als Oberflächenplasmonen-Polaritonen bekannt und werden je nach Geometrie des Teilchens und Frequenz beziehungsweise Wellenlänge des eingestrahlten Lichts resonant. Diese Resonanz macht sich dann in den optischen Eigenschaften des Partikels bemerkbar. Die Grundlagen in der mathematischen Beschreibung dieser Wechselwirkung wurden zum ersten Mal in den Arbeiten von Gustav Mie [57] beschrieben, welcher die an kolloidalen Goldlösungen auftretenden Farben mit Hilfe der Grundgleichungen der Elektromagnetik erklären konnte. Goldpartikel sind als

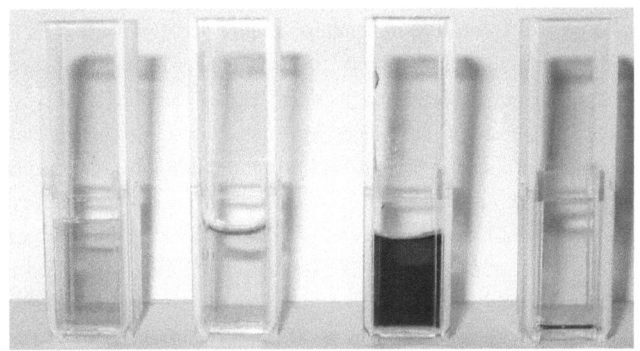

Abbildung 3.6: Gold-Nanopartikel unterschiedlicher Größen und Geometrien (Nanoshells 220 nm, Nanorods, Nanospheres, Nanoshells 150 nm

optoakustisches Kontrastmittel besonders geeignet, da sie neben der durch Plasmonenresonanz bedingten hohen Absorptionsquerschnitte auch die Eigenschaft aufweisen, dass das spektrale Absorptionsmaximum über einen weiten Wellenlängenbereich einstellbar ist. Durch Anpassung der Geometrie kann das Maximum des Absorptionsspektrums bei Goldpartikeln in einem Bereich von 500 bis 1300 nm verschoben werden [58][59], was umso relevanter ist, da dies den Bereich hoher optischer Eindringtiefe in Gewebe („optisches Fenster") mit einschließt.

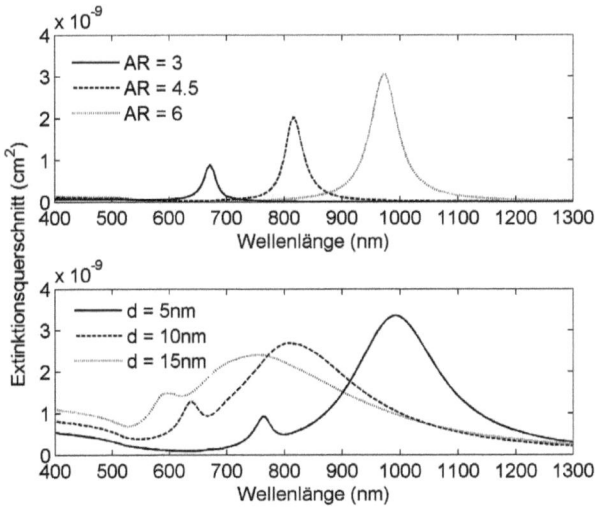

Abbildung 3.7: Absorptionsspektren von Nanorods und Nanoshells verschiedener Größe

Während sphärische Goldpartikel in Wasser ein Absorptionsmaximum bei 530 nm aufweisen, kann die Position dieses Maximums bei asphärischen oder heterogenen Goldpartikeln variieren. Im Fall von asymmetrischen Partikeln (z.B. Nanorods) definiert das Verhältnis der beiden

Halbachsen die Lage des Absorptionsmaximums. Je größer dieses Verhältnis ist, desto weiter ist das spektrale Maximum in Richtung des NIR verschoben. „Nanoshells" stellen einen weiteren Partikeltyp mit skalierbaren Absorptionseigenschaften dar. Diese Partikel bestehen aus einem dielektrischen Kern (meistens SiO_2), welcher von einer dünnen Goldschicht umgeben ist. Das Verhältnis von Kerndurchmesser zu Schichtdicke bestimmt die Lage des Absorptionsmaximums, wobei dieses umso mehr in Richtung NIR verschoben wird, umso dünner die äußere Schicht im Vergleich zum Kerndurchmesser ist. Einige Beispiele von Absorptionsspektren verschiedener Gold-Nanopartikel werden in Abbildung 3.7 dargestellt. Extinktionsspektren verschiedener Nanorods mit einem Durchmesser von 20 nm und Halbachsenverhältnissen („Aspect Ratios" - AR) zwischen 3 und 6 wurden ebenso berechnet wie Spektren von Nanoshells (SiO_2-Kern, Radius r = 75 nm) mit verschiedenen Goldschichtdicken d im Bereich von 5 bis 15 nm. Zur mathematischen Beschreibung dieser Absorptionsspektren müssen die Maxwell-Gleichungen für die Umgebung der Nanopartikel gelöst werden. Die Komplexität der Berechnung steigt mit der Größe der Partikel, da bei großen Radien Multipolmoden höherer Ordnung berücksichtigt werden müssen. Eine ausführliche Beschreibung dieser Berechnung ist für die Fälle von Gold-Nanorods und Gold-Nanoshells in [58]-[60] und [61][62] zu finden. Die für die Berechnung der Absorptionsspektren in Abbildung 3.7 notwendigen empirischen Werte für die Wellenlängenabhängigkeit der komplexen Brechungsindizes von Gold und SiO_2 stammen aus [63] und [64].

Weitere Partikeltypen

Partikel, welche keine Plasmonenresonanz aufweisen, eignen sich prinzipiell auch als optoakustische Kontrastmittel, auch wenn ihre Absorptionsquerschnitte zum Teil um Größenordnungen unter denen vergleichbar großer Gold-Nanopartikel liegen. Neben Magnetit-Nanopartikel (Fe_3O_4) können auch Kohlenstoffnanoröhrchen (Single Walled Carbon Nanotubes, SWNT) und Polymerpartikel mit verkapselten Farbstoffen als Kontrastmittel genutzt werden. Bei letzteren beruht die Absorption auf den gleichen Prozessen wie bei molekularen Farbstoffen, jedoch sind die Partikel unempfindlicher gegen Ausbleichen. Die Absorption von SWNTs basiert auf deren Zwitterverhalten, demnach sie sich sowohl wie Moleküle als auch wie Festkörper verhalten können [65], da sie aufgrund ihrer Form als langgestreckte Zylinder sowohl eine Dimension im Bereich weniger Nanometer als auch eine im Bereich weniger Mikrometer aufweisen. Dadurch zeigen Absorptionsspektren solcher Partikel sowohl scharfe Peaks (Molekülübergänge) als auch ein breites Hintergrundabsorptionsspektrum (Metall-Verhalten) auf, wobei letzteres in experimentell ermittelten Extinktionsspektren dominiert [66]. Magnetit-Nanopartikel weisen ebenfalls ein breites Absorptionsspektrum ohne markante Maxima auf, da diese auf Grund des nicht vorhandenen resonanten Verhaltens ausbleiben. Die Abwesenheit von Maxima in den Spektren von Magnetit-Partikeln und SWNTs stellt den Hauptnachteil bei deren Verwendung als optoakustische Kontrastmittel dar. Zum einen sind die Absorptionsquerschnitte der Partikel allgemein geringer als bei resonanten (Gold-)Partikeln, was unter Umständen zu einer nur marginalen Kontrastverbesserung führen kann. Außerdem verhindert das Fehlen von ausgeprägten Maxima die Verwendung der Partikel für die multispektrale Bildgebung (siehe Abschnitt 5.5), deren ausgeprägt hoher Kontrast durch den Vergleich verschiedener Bilder bei unterschiedlichen Wellenlängen zustande kommt.

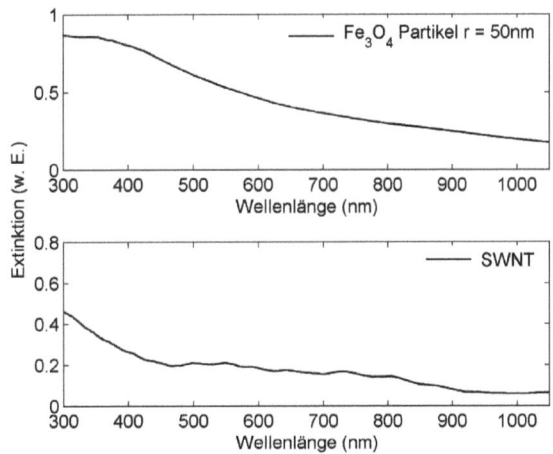

Abbildung 3.8: Absorptionsspektren von SWNT und Magnetit

In Abbildung 3.8 werden die unterschiedlichen Absorptionseigenschaften von Partikeln, bei denen der Effekt der Plasmonenresonanz ausbleibt, und Goldpartikeln aufgezeigt. Die Werte der komplexen dielektrischen Funktion, welche für die Berechnung des Spektrums von Fe_3O_4-Partikeln notwendig sind, stammen aus [67].

Die hier vorgestellten Nanopartikel- und Farbstofftypen weisen alle die Minimalanforderung hoher Absorption im NIR auf, welche sie als potenzielle optoakustische Kontrastmittel qualifiziert. Die tatsächliche Eignung der verschiedenen Kontrastmitteltypen muss jedoch im Einzelfall anhand von optoakustischen Phantommessungen überprüft werden. Des Weiteren müssen chemische Verfahren vorliegen, welche es erlauben die Partikel im Kontext der Molekularen Bildgebung mit biologischen Markermolekülen zu modifizieren. Diese nur experimentell zu ermittelnden Eigenschaften werden daher im dritten Teil der Arbeit in Kapitel 7 behandelt. Vergleichsmessungen von Absorptionskoeffizienten für Suspensionen vergleichbarer Konzentration sollen ebenso durchgeführt werden wie Phantommessungen zur Festlegung von Detektionsschwellen. Darüber hinaus wird die chemische Modifizierung mit molekularen Markern an einem Beispielmodell durchgeführt.

Alle diese Betrachtungen lassen jedoch die biologischen Randbedingungen bei einem *in-vivo*-Einsatz außer Acht. Der Anteil an Partikeln, welcher sich bei der Molekularen Bildgebung tatsächlich im Zielgewebe anlagert, kann aufgrund des zumindest teilweise unbekannten Biodistributionsverhalten nur schwer abgeschätzt werden. In jedem Fall muss das zur Messung genutzte System jedoch eine hohe Sensitivität aufweisen, um vorhandene Partikel überhaupt detektieren zu können. Vor der Darstellung der Durchführung von optoakustischen Messungen mit verschiedenen Partikeln (dritter Teil der Arbeit) werden daher in den folgenden beiden Kapiteln Verfahren zur Optimierung der Sensitivität vorgestellt. Während die optimierte Anpassung der spektralen Auflösung von Ultraschallwandlern im Fokus von Kapitel 4 steht, werden in Kapitel 5 Rekonstruktionsalgorithmen zur Optimierung des SRV und der Auflösung sowie Rechenvorschriften zur Kontrasterhöhung mittels Multispektraler Bildgebung präsentiert.

Teil II

Algorithmen und Simulationen

Kapitel 4

Simulation optoakustischer Signale

In diesem Kapitel sollen die im ersten Teil der Arbeit vorgestellten physikalischen Formalismen zur Beschreibung des optoakustischen Effekts genutzt werden, um laserinduzierte Ultraschallsignale beliebiger Strukturen zu simulieren. Die entwickelten Simulationen erlauben es, eine *a priori*-Abschätzung der Frequenzen von optoakustischen Signalen unterschiedlicher Strukturen zu treffen. Diese Kenntnisse können genutzt werden, um den zum Empfang eingesetzten Wandler so auszuwählen, dass er hinsichtlich seiner spektralen Eigenschaften optimal an die Bandbreite der entstehenden optoakustischen Signale angepasst ist und um somit das SRV der gemessenen Signale zu optimieren. Darüber hinaus können zweidimensionale Datensätze berechnet werden und somit Phantommessungen mit linearen Ultraschallarrays simuliert werden. Die so gewonnenen Datensätze können z.B. zur Optimierung von Rekonstruktionsalgorithmen verwendet werden und ersparen die zum Teil aufwendige Herstellung von Phantomen. In beiden Fällen ist die Berechnung in einen optischen und einen akustischen Teil gegliedert. Die optische Simulation berechnet die Absorption von Licht in einem virtuellen Phantom in Abhängigkeit von dessen optischen Eigenschaften und der Einstrahlgeometrie mit Hilfe eines Monte Carlo Algorithmus. Da die räumliche Verteilung der Lichtabsorption $H(\vec{x})$ direkt proportional zu dem zum Zeitpunkt $t = 0$ aufgebauten Initialdruck $p_0(\vec{x})$ ist, kann daraus in einem zweiten Schritt das zu erwartende zeitabhängige Drucksignal an der Oberfläche des beleuchteten Mediums berechnet werden. Die für diese Zwecke entwickelten simulatorischen Werkzeuge werden in den folgenden Abschnitten vorgestellt. Darüber hinaus werden simulierte Daten für einige ausgewählte Strukturen mit experimentellen Ergebnissen verglichen.

4.1 Berechnung optoakustischer Signale

In Abschnitt 3.2.3 wurden optoakustische Signale einiger Strukturen mit hohem Maß an Symmetrie berechnet. Darüber hinaus wurden die Schwierigkeiten einer analytischen Herangehensweise zur Berechnung optoakustischer Transienten von beliebigen Quellen aufgezeigt. Besonders im Hinblick auf die Optimierung der Sensitivität eines optoakustischen

Optische Parameter	Akustische Parameter
Kantenlänge des Volumens	Wandlerposition
Voxelgröße	Frequenz und Bandbreite
Anzahl der Photonen	Elementgröße
Beleuchtungsgeometrie	Pitch und # der Elemente
Art und Anzahl der Quellen	Akustische Dämpfung
Position und Orientierung der Quellen	Laserpulsdauer
$\mu_a(\vec{x}), \mu_s(\vec{x}), g(\vec{x})$	Schallgeschwindigkeit

Tabelle 4.1: Einstellbare Simulationsparameter

Bildgebungssystems ist es erforderlich, die spektralen Eigenschaften laserinduzierter Signale zu kennen um die Empfindlichkeit der zur Detektion eingesetzten Wandler daran anzupassen. Des Weiteren spielt die Beleuchtungsgeometrie, welche zur Erzeugung optoakustischer Signale eingesetzt wird, eine elementare Rolle, da die Amplitude optoakustischer Signale direkt proportional zur Strahlungsdichte am Ort der absorbierenden Quelle ist. Durch nicht optimierte Beleuchtung oder schlechte spektrale Anpassung kann die Amplitude der gemessenen optoakustischen Signale leicht um Größenordnungen reduziert werden. Aus diesem Grund wurden Simulationswerkzeuge entwickelt, welche es erlauben die Messapparatur bestmöglich an die vorhandenen Gegebenheiten anzupassen. Die Umsetzung der Simulation in eine Software wurde in der Programmiersprache C# bewerkstelligt.

Zur graphischen Anzeige der Ergebnisse wurde die freie Bibliothek NPlot [68] eingebunden. Die für die Berechnungen relevanten optischen und akustischen Parameter können direkt über die in Abbildung 4.1 dargestellte Benutzeroberfläche eingegeben werden.

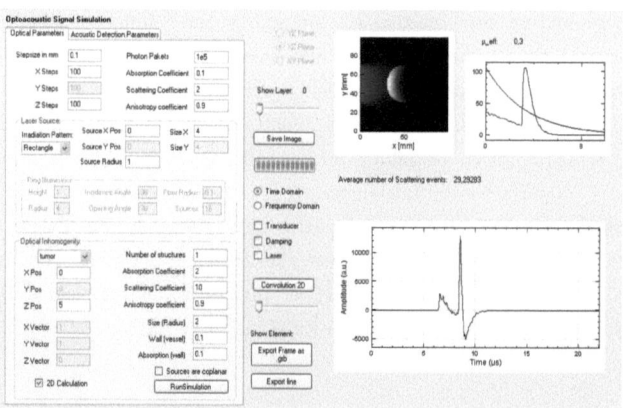

Abbildung 4.1: Bildschirmfoto (Screenshot) der Benutzeroberfläche

Eine Übersicht über die vorhandenen Einstellmöglichkeiten wird in Tabelle 4.1 gegeben. Eine detaillierte Beschreibung der zur Berechnung optoakustischer Signale entwickelten Algorithmen erfolgt in den nächsten Abschnitten. Die optischen und akustischen Berechnungen werden dabei getrennt betrachtet.

4.1.1 Optische Ausbreitung

Die Monte Carlo Simulation erlaubt es, die räumlichen Variationen an absorbierter Energie $H(\vec{x})$ zu bestimmen. Dafür werden die Trajektorien einer großen Menge von Photonen (oder Photonenpaketen) berechnet, wobei für jedes Photon ein Startpunkt sowie Startschrittweiten in den Richtungen x, y und z gegeben sein müssen (siehe Abschnitt 3.1.2 für die theoretische Beschreibung). Weitere Schritte werden dann mit Hilfe von Zufallszahlen aus den lokalen optischen Eigenschaften $\mu_a(\vec{x}), \mu_s(\vec{x})$ und $g(\vec{x})$ berechnet. Die Startpunkte und Schrittweiten werden dabei vor der eigentlichen Monte Carlo Berechnung basierend auf der angegebenen Einstrahlgeometrie berechnet und in einem Datenarray abgelegt, so dass diese bei jedem neuen Photon abgefragt werden können. Datenfelder mit den optischen Eigenschaften eines jeden Volumenelementes (Voxel) werden ebenfalls im Vorfeld der Monte Carlo Berechnung aus den Geometriedaten vorhandener Inhomogenitäten erzeugt. Dabei wird für alle Berechnungen in einem kartesischen Koordinatensystem gearbeitet. Eine schematische Übersicht der Berechnung wird in Abbildung 4.2 gegeben.

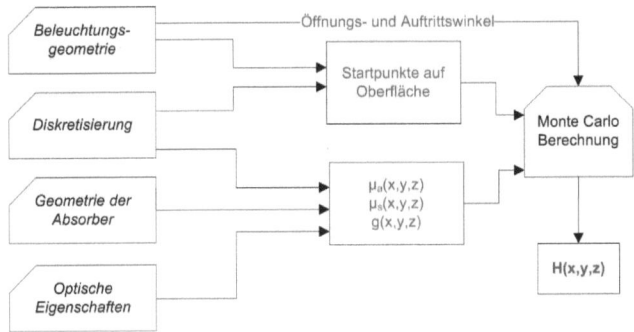

Abbildung 4.2: Prinzip der Monte Carlo Simulation

Die Wahlmöglichkeiten bei der Einstrahlgeometrie sind an vorhandene technische Möglichkeiten zur Lasereinkopplung angelehnt. Demnach kann die Beleuchtungsgeometrie als Punkt, Kreis, Rechteck oder Ring gewählt werden (siehe Abbildung 4.3).

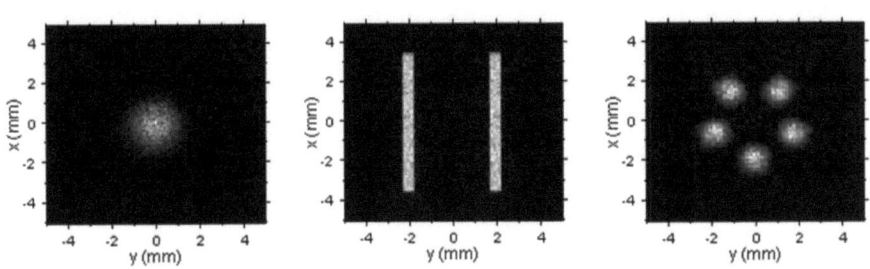

Abbildung 4.3: Verschiedene bei der Simulation wählbare Beleuchtungsgeometrien

Aus Laufzeitgründen wurde bei den vorliegenden Simulationen die Methode der Photonenpakete gewählt, bei der das Paket auf der Oberfläche mit einem definierten „Gewicht" startet. Die Schrittweite ist hierbei variabel und wird aus einer Zufallszahl und dem totalen Abschwächungskoeffizienten $\mu_t = \mu_a + \mu_s$ gemäß Gleichung 3.5 berechnet, wobei die Zufallszahlen mit der *Random*-Klasse von C# erzeugt werden. Nach jedem Schritt gibt das Photonenpaket den Anteil von $1 - albedo$ seiner Energie ab. Der Weg wird so lange fortgesetzt bis das Paket das Volumen verlässt oder sein Gewicht auf unter 0,1% des Startwertes gefallen ist. Der Algorithmus ist so konzipiert, dass sowohl Berechnungen in 2D als auch in 3D durchgeführt werden können. Ein Nachteil von dreidimensionalen Berechnungen liegt jedoch in der hohen Zahl an Photonenpaketen, welche benötigt werden, um Vorhersagen mit ausreichender Genauigkeit treffen zu können. Da die Laufzeit der Simulation proportional zur Anzahl der Photonen ist, können präzise dreidimensionale Berechnungen nur mit großem Rechenaufwand durchgeführt werden. Eine Möglichkeit zur Überwindung dieses Nachteils liegt in der Verwendung von Symmetrien.

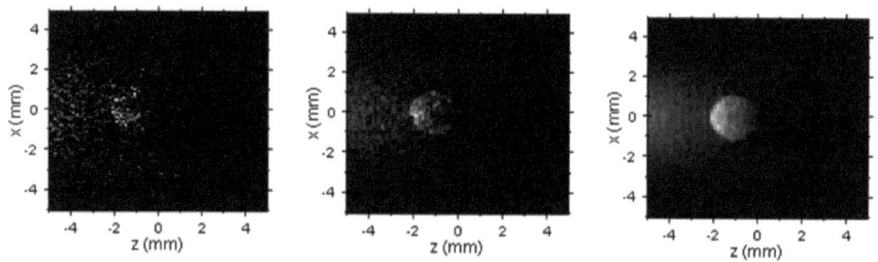

Abbildung 4.4: Monte Carlo Simulation der Lichtverteilung in einer Kugel ($\mu_a = 2$ mm^{-1}) vor schwach absorbierendem Hintergrund ($\mu_a = 0{,}1$ mm^{-1}) mit 10000 Photonenpaketen. In der mittleren und der rechten Grafik wurde die Symmetrie zur Verbesserung des Simulationsergebnis genutzt (mitte: 5 Rotationen, rechts: 30 Rotationen)

Wenn sowohl in der Beleuchtungsgeometrie als auch in der Verteilung der optischen Eigenschaften eine Symmetrie vorliegt (siehe Abb. 4.5), kann die Menge der benötigten Photonenpakete signifikant verringert werden. So kann zum Beispiel der Fall eines langen Zylinders als zweidimensionales Problem betrachtet werden, bei dem es ausreicht, die Absorptionsverteilung in der Symmetrieebene zu berechnen. Bei zylindersymmetrischen Fragestellungen kann das Vorhandensein einer Rotationsachse ausgenutzt werden, indem der Datensatz mit sich selbst gemittelt wird. Dabei wird wie folgt vorgegangen:

- 3D-Berechnung in kartesischen Koordinaten mit wenigen Photonenpaketen
- Transformation in Zylinderkoordinaten
- Rotation des Datensatzes um $\delta\phi$
- Addition des rotierten Datensatzes auf Originaldatensatz

- Wiederholung der Rotation und Addition, bis um 360° rotiert wurde
- Rücktransformation in kartesische Koordinaten

Der Vorteil dieses Verfahren wird in folgendem Beispiel aufgezeigt, bei dem die dreidimensionale Lichtabsorption in einer Kugel berechnet wurde. Die optischen Konstanten wurden so gewählt, dass Licht im Hintergrund nur sehr schwach absorbiert wird, während in Inneren der Kugel ein hoher Absorptionskoeffizient $\mu_a = 2$ mm^{-1} vorliegt. Bei der eigentlichen Monte Carlo Simulation wurde die Berechnung mit 10000 Photonenpaketen durchgeführt. Die Symmetrie zu einer Rotationsachse wurde dann ausgenutzt um die Qualität des Simulationsergebnisses zu verbessern. Die linke Grafik in Abbildung 4.4 zeigt das Ergebnis der Simulation vor dem beschriebenen iterativen Prozess aus Rotationen und Additionen. In der mittleren und der rechten Grafik wird der Einfluss von 5 bzw. 30 Rotationsschritten auf das Simulationsergebnis aufgezeigt. Während die Kugel im nicht-rotierten Datensatz kaum erkennbar ist, hebt sie sich in der mittleren und rechten Abbildung sehr deutlich vom Hintergrund ab. Ein Nachteil der in dieser Arbeit verwendeten Variante der Monte Carlo Simulation liegt in der Abhängigkeit der Schrittweite Δs von den lokalen optischen Eigenschaften gemäß Gleichung 3.5. Dies kann insbesondere dann zu Problemen führen, wenn stark absorbierende Strukturen in einem schwach absorbierenden Medium eingebettet sind. Befindet sich ein Photon in einem schwach absorbierendem Medium in unmittelbarer Nähe zu einem Absorber, so wird der nächste Schritt es mit hoher Wahrscheinlich weit in das Innere der absorbierenden Struktur befördern. Ein solcher Schritt ist aber physikalisch unkorrekt, da die Schrittweite nach dem Übergang in ein neues Medium dessen Absorption μ_{a2} angepasst werden muss. Somit kann die Verteilung an absorbierter Energie im Inneren eines Absorbers, welcher von einem schwach absorbierenden Medium umgeben wird, verfälscht werden (siehe Abbildung 4.6).

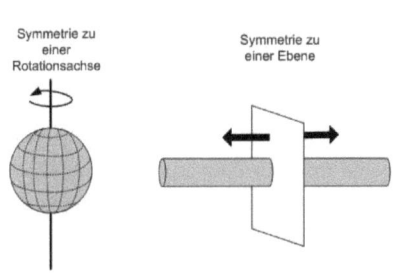

Abbildung 4.5: Mögliche zur Verbesserung der Simulation nutzbare Symmetrien

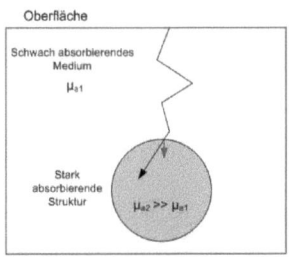

Abbildung 4.6: Absorber in Hintergrundgewebe mit schwachem μ_a. Nach Eintritt in den Absorber muss die Schrittweite angepasst werden (roter Pfeil)

Dieses Problem kann gelöst werden, indem bei jedem Schritt die optischen Eigenschaften des Start- und Zielpunktes verglichen werden. Eine Abweichung beider Werte bedeutet, dass das Photonenpaket in eine Inhomogenität eingedrungen ist. In diesem Fall wird der Schnittpunkt der Photonenbahn und der Oberfläche der Struktur berechnet und dieser Punkt als neuer

Zielpunkt definiert. Die korrigierte Schrittweite kann dann wieder aus den lokalen optischen Eigenschaften berechnet werden.

4.1.2 Akustische Ausbreitung

Der optische Teil der Simulation liefert als Ergebnis einen (zwei- oder dreidimensionalen) Datensatz, der zu jedem Volumenelement am Ort $\vec{x}$ einen Wert für die dort absorbierte Energie $H(\vec{x})$ ausgibt. Das Drucksignal $p(\vec{x'}, t)$ an der Oberfläche des Phantoms wird bestimmt, indem die einzelnen Voxel als Quellen von elementaren Drucksignalen angesehen werden, welche mit einem der akustischen Laufzeit entsprechenden Zeitversatz aufsummiert werden. Das elementare Drucksignal $p_v(r, t)$ eines Voxels mit der Kantenlänge s im Abstand r von diesem wird dabei durch das optoakustische Signal einer dreidimensionalen Gauss-förmigen Quelle approximiert [50]

$$p_v(r,t) = \frac{r-ct}{r} \cdot exp\left(-\left(\frac{r-ct}{R_\sigma}\right)^2\right) \quad (4.1)$$

wobei $R_\sigma = s \cdot \sqrt{ln(2)}$ gilt. Um das Drucksignal an der Oberfläche zu bestimmen, werden die elementaren Signale gemäß

$$p(\vec{x},t) = \sum_{\vec{x'}} H(\vec{x'}) \cdot p_v(|\vec{x} - \vec{x'}|, t) \quad (4.2)$$

aufsummiert. Zum besseren Vergleich mit experimentellen Daten kann die Übertragungsfunktion des Ultraschallwandlers $U(f)$ ebenso wie der zeitliche Pulsverlauf des Lasers $T(t)$ und die frequenzabhängige Dämpfung $D(f)$ in die Berechnung einbezogen werden. Aus dem Druckverlauf $P(t)$ kann in diesem Fall das gemessene Signal $S(t)$ zu

$$S(\vec{x},t) = FFT\left(U(f) \cdot D(f) \cdot FFT^{-1}(p(t)) \cdot FFT^{-1}(T(t))\right) \quad (4.3)$$

berechnet werden. In den numerischen Berechnungen wurden die Fouriertransformationen unter Zuhilfenahme der freien Bibliothek FFTW [69] erzeugt. Die gemäß Gleichung 4.3 berechneten Signale berücksichtigen jedoch nicht die geometrischen Abmessungen des zum Signalempfang genutzten Wandlers. Um Signale an beliebigen Wandlern zu simulieren und somit auch synthetische Daten mit gemessenen Signalen vergleichen zu können, muss $S(\vec{x}, t)$ über die Oberfläche des Wandlers integriert werden. Durch diese räumliche Mittelung wird auch das (Empfangs-)Schallfeld des Ultraschallwandlers mit einbezogen.

4.2 Validierung der Simulation

Um die Gültigkeit der Simulation bestätigen zu können, müssen die optischen und die akustischen Berechnungen separat betrachtet werden. Die optische Simulation kann am einfachsten validiert werden, indem Spezialfälle betrachtet werden, in denen auch mit der Diffusionsnäherung gearbeitet werden kann. Der Vergleich der beiden Ergebnisse erlaubt dann eine Aussage über die Richtigkeit der Simulation. Am einfachsten ist dies für den Fall eines homogenen Mediums, welches sich in $x-$ und $y-$ sowie in positiver z-Richtung unendlich ausdehnt. Da die Ausdehnung in $y-$Richtung unendlich ist, kann die Berechnung auf ein zweidimensionales Problem reduziert werden. Die unendliche Ausdehnung in $x-$Richtung wird numerisch approximiert, indem eine Volumenschicht mit der Kantenlänge x_0, z_0 gewählt wird, für die gilt, dass z_0 wesentlich größer als die Eindringtiefe ist. Darüber hinaus muss die Beleuchtungsgeometrie so gewählt werden, dass die Breite der bestrahlten Fläche ebenfalls größer als die Eindringtiefe $\delta_{eff} = 1/\mu_{eff}$ ist. Um dies zu realisieren, wurden die Parameter $(\mu_a = 0{,}1 \text{ mm}^{-1}, \mu_s = 10 \text{ mm}^{-1}, g = 0{,}9)$ und $(x_0 = z_0 = 10 \text{ mm})$ gesetzt. Unter diesen Bedingungen kann die Diffusionsnäherung angewandt werden, aus der sich ein tiefenabhängiges Absorptionsprofil mit exponentiellem Verlauf mit Abfallskonstante $\mu_{eff} = 0{,}57 \text{ mm}^{-1}$ ergibt.

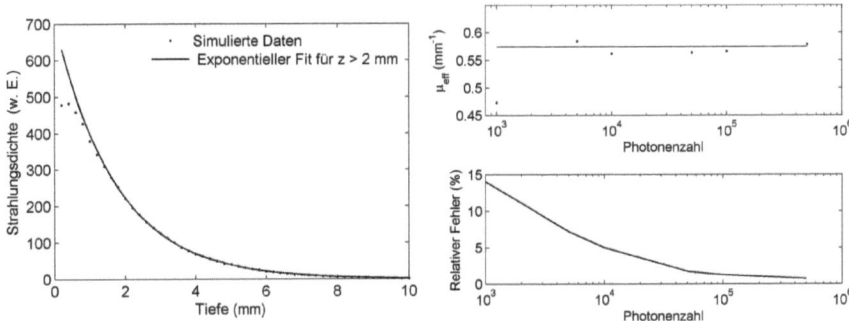

Abbildung 4.7: Abfall der Absorption mit der Tiefe in streuendem Medium. Monte Carlo Simulation mit $5 \cdot 10^5$ Photonenpaketen. Genauigkeit der Monte Carlo Simulation für verschiedene Anzahlen an Photonenpaketen

Die Simulation wurde mit verschiedenen Mengen an Photonenpaketen im Bereich zwischen 10^3 und $5 \cdot 10^5$ wiederholt und das tiefenabhängige Absorptionsprofil wurde jedes Mal für einen Punkt in der Mitte der bestrahlten Fläche aufgetragen. Durch einen exponentiellen Fit wurde die Abfallskonstante extrahiert und mit dem theoretischen Wert aus der Diffusionsnäherung verglichen. Da die Näherung nur ab einer hohen Anzahl von Streuereignissen gültig ist, wurden die Daten nur für eine Tiefe $z > 2$ mm exponentiell angenähert. Ein hohes Maß an Übereinstimmung zwischen den simulierten Daten und den analytischen Berechnungen wird in Abbildung 4.7 ersichtlich, wodurch der optische Teil der Simulation als valide angesehen werden kann.

Der akustische Teil der Simulation wurde auf zwei verschiedene Arten überprüft. Dazu wurden simulierte Signale sowohl mit analytischen Berechnungen (für Fälle in denen eine solche Herangehensweise möglich ist) als auch mit experimentellen Daten verglichen.

4.2.1 Vergleich von Simulation und analytischer Lösung

Wie schon im Abschnitt 3.2.3 dargelegt, können optoakustische Drucktransienten von Strukturen mit hohem Maß an Symmetrie analytisch berechnet werden. Insbesondere für die Fälle „optisch dünner" Kugeln und Zylinder wurden Formalismen vorgestellt, die eine einfache Berechnung erlauben. Optoakustische Signale einer homogen absorbierenden Kugel ($\mu_a = 0{,}1$ mm^{-1}, $\mu_s = 10$ mm^{-1}, g = 0,9, Radius R = 1 mm) wurden unter Verwendung verschiedener Voxelgrößen simuliert und in Abbildung 4.8 mit analytischen Ergebnissen verglichen.

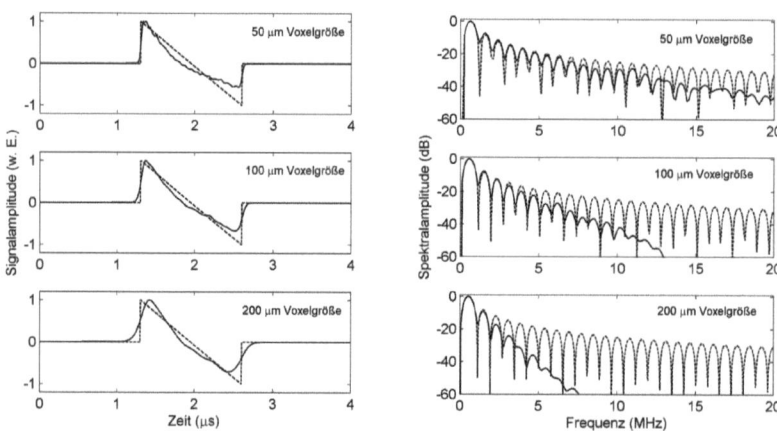

Abbildung 4.8: Analytische und simulierte Signale einer Kugel mit Radius R = 1 mm im Abstand r = 3 mm. Gestrichelte Linien stellen analytisch berechnete Signale gemäß Gleichung 3.24 dar

Wie erwartet bietet die Simulation mit der geringsten Voxelgröße (50 μm) die höchste Übereinstimmung. Mit steigender Voxelgröße nehmen die Abweichungen zwischen beiden Signalen zu, was sich insbesondere in steilen Signalflanken bemerkbar macht, welche die hochfrequenten Signalanteile darstellen. Die spektrale Darstellung zeigt eine sehr gute Übereinstimmung bei der Lage des ersten Maximums, welches bei allen Simulationen den Wert von 0,52 MHz aufweist. Bei höheren Frequenzen weichen die simulierten Signale (insbesondere bei großen Voxelgrößen) immer mehr von der analytischen Lösung ab.

In einem zweiten Beispiel wurde das Signal eines Zylinders mit Radius R = 0,5 mm in einem Abstand von r = 5 mm simuliert und mit dem gemäß Gleichung 3.27 berechneten Signal verglichen. Der Einfluss der Voxelgröße auf die Güte der Simulation zeigt sich insbesondere in

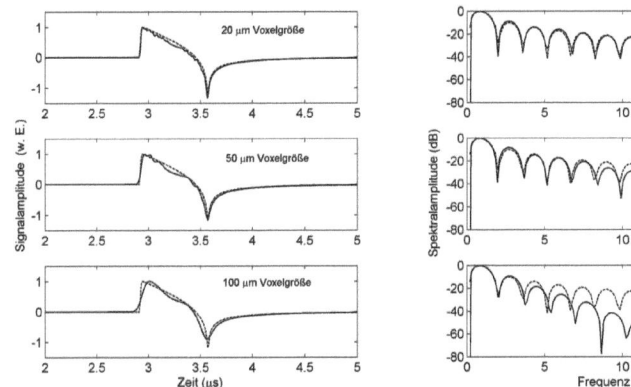

Abbildung 4.9: Analytische und simulierte Signale eines Zylinders. Gestrichelte Linien stellen analytisch berechnete Signale gemäß Gleichung 3.27 dar

den hohen Frequenzanteilen. Während eine gute Übereinstimmung bei einer Voxelgröße von 20 μm noch bis 20 MHz gewährleistet ist, gibt es bei einer Voxelgröße von 100 μm schon ab 5 MHz relevante Abweichungen (Abbildung 4.9). Aus den Abbildungen 4.8 und 4.9 wird deutlich, dass die simulierten Signale bei einer geeigneten Wahl der Parameter (Voxelgröße) durchaus mit den analytischen Berechnungen vergleichbar sind. Jedoch bedarf es eines Kriteriums um die Güte der Simulationsergebnisse *a priori* abzuschätzen. Dazu wird der Korrelationskoeffizient $C_{xy}(f)$ eingeführt, welcher die Übereinstimmung zwischen zwei Signalen quantifiziert. Er ist definiert als

$$C_{xy}(f) = \frac{|P_{xy}(f)|^2}{P_{xx}(f)P_{yy}(f)} \tag{4.4}$$

wobei $P_{xx}(f)$ und $P_{yy}(f)$ die Autoleistungsdichten und $P_{xy}(f)$ die Kreuzleistungsdichte der beiden Signale darstellen. Dieser Koeffizient wurde für den Fall einer kugelförmigen Quelle bei verschiedenen Voxelgrößen berechnet und in Abbildung 4.10 dargestellt. Dabei wird für jede Frequenz f die mittlere Übereinstimmung im Bereich [0,f] aufgetragen. Ein Kohärenzfaktor von 1 ist mit einer hundertprozentigen Übereinstimmung der beiden Signale gleichzusetzen. Die Berechnung des Kohärenzkoeffizienten erlaubt eine *a priori*-Abschätzung der Genauigkeit der Simulation. Für niedrige Frequenzen zeigt sich in allen Fällen eine gute Übereinstimmung zwischen den Signalen, welche jedoch bei höheren Frequenzen abnimmt. Abbildung 4.10 zeigt allerdings, dass bei einer Voxelgröße, welche 1/20 der Größe der Struktur entspricht, eine 90%-ige Genauigkeit in der Vorhersage des Signals bis zu einer Frequenz, welche dem 50-fachen des spektralen Maximums entspricht, gegeben ist.

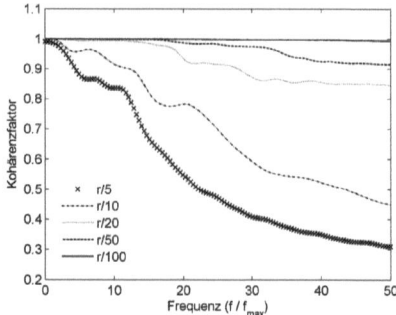

Abbildung 4.10: Kohärenzkoeffizient zwischen simulierten und analytischen Signalen für den Fall einer Kugel mit Radius R berechnet bei verschiedenen Voxelgrößen r_v im Bereich zwischen R/100 und R/5

4.2.2 Vergleich von Simulation und Experiment

Um die Ergebnisse der Simulation mit experimentellen Daten zu vergleichen, wurden drei Fälle gewählt, bei denen die Vorgaben der Simulation einfach in ein Phantom umgesetzt werden konnten. Dazu wurden drei zylindrische Phantome mit den Parametern ($R_1 = 2,4$ mm, $\mu_{a_1} = 0,03$ mm^{-1}), ($R_2 = 2,4$ mm, $\mu_{a_2} = 0,4$ mm^{-1}) und ($R_3 = 5,1$ mm, $\mu_{a_3} = 0,4$ mm^{-1}) erzeugt indem flüssiges PVCP (Polyvinylchlorid Plastisol) auf ca. 200 °C erwärmt wurde, wo es in eine klare aber viskose Form überging. Schwarze Plastikfarbe wurde in Volumenkonzentrationen von 0,01 und 0,1 % dazugegeben, um die genannten Absorptionskoeffizienten einzustellen. Die optischen Eigenschaften wurden ermittelt, indem die optische Transmission durch eine Schicht des Phantommaterials mit bekannter Dicke (wenige Millimeter) in einem Photospektrometer (Beckmann Coulter, DU 13) gemessen wurde.

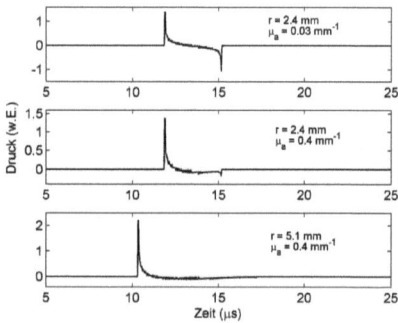

Abbildung 4.11: Simulierte optoakustische Signale verschiedener PVCP Zylinder

Die Abmessungen und die Konzentrationen der Phantome wurden so gewählt, dass 3 Fälle modelliert werden konnten, in denen die Eindringtiefe entweder wesentlich kleiner, wesentlich größer oder mit dem Durchmesser der Zylinder vergleichbar ist. Da die Ausmaße der drei Zylinder im Vergleich zu den charakteristischen Größen der thermischen und akustischen Relaxationseffekte groß sind (siehe Gleichung 3.19), wurde die Laserpulsdauer in den Berechnungen nicht berücksichtigt. In allen Signalen kann die akustische Laufzeit zwischen der Vorder- und Hinterseite der Zylinder in dem zeitlichen Abstand der Maxima wiedergefunden werden. Während die Peaks vergleichbare Amplituden im Fall des Zylinders mit Radius R_1 haben, ist die Amplitude des zweiten Peaks im Zylinder mit Radius R_3 aufgrund der Dicke, welche dem 4-fachen der optischen Eindringtiefe entspricht, stark reduziert.

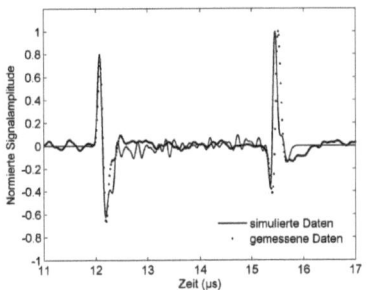
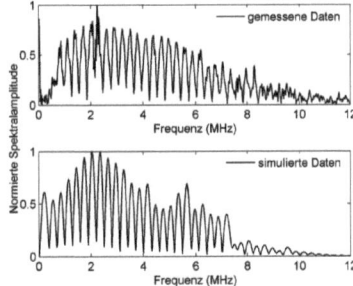

Abbildung 4.12: Vergleich von simulierten und experimentellen Signalen von einem Zylinder mit Radius $R_1 = 2{,}4$ mm und $\mu_a = 0{,}03$ mm^{-1}

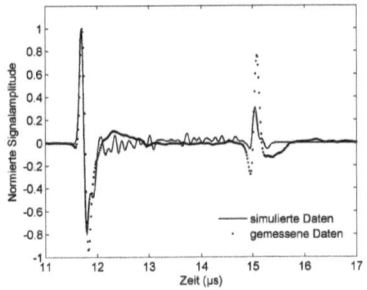
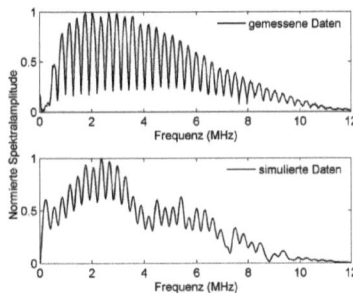

Abbildung 4.13: Vergleich von simulierten und experimentellen Signalen von einem Zylinder mit Radius $R_2 = 2{,}4$ mm und $\mu_a = 0{,}4$ mm^{-1}

In dem Fall des Zylinders mit Radius R_2 ist die Eindringtiefe δ_{eff} mit dem Durchmesser vergleichbar, so dass die Amplitude des zweiten Peaks weniger stark gedämpft wird. Da die begrenzte Bandbreite der zum Empfang verwendeten Ultraschallwandler nicht in den in Abbildung 4.11 dargestellten Simulationsergebnissen berücksichtigt wurde, können diese Signale nicht direkt mit experimentellen Daten verglichen werden. Dazu müssen die simulierten Signale noch mit der Impulsantwort des Wandlers gefaltet werden sowie über die Oberfläche des Wandlers gemittelt werden. Zu diesem Zweck wurde die rein optoakustische Übertragungsfunktion des Wandlers gemessen, indem ein Block aus poliertem Edelstahl als idealer Oberflächenabsorber genutzt wurde. Zur geometrischen Mittelung über die Oberfläche wurde diese in der Simulation in Oberflächenelemente zerteilt, deren Kantenlänge in der Größenordnung von $\lambda/4$ liegt, wobei mit λ die Wellenlänge, welche der akustischen Mittenfrequenz des Wandlers entspricht, bezeichnet wird. Die unter Berücksichtigung der Wandlerbandbreite sowie dessen geometrischer Ausdehnung simulierten Signale werden in den Abbildungen 4.12 bis 4.14 mit den gemessenen Daten verglichen.

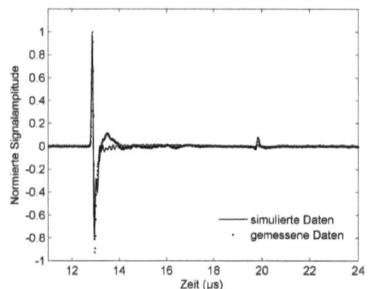 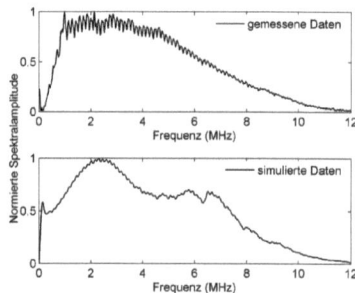

Abbildung 4.14: Vergleich von simulierten und experimentellen Signalen von einem Zylinder mit Radius $R_3 = 5{,}1$ mm und $\mu_a = 0{,}4$ mm^{-1}

Für alle an Phantomen gemessenen Signale liegt eine hohe Übereinstimmung mit den simulierten Daten vor. Lediglich bei dem Fall vergleichbarer optischer Eindringtiefe und Durchmesser des Zylinders weichen die Amplituden der zweiten Maxima voneinander ab. In der Zeitdifferenz zwischen den beiden Signalpeaks kann es darüber hinaus zu geringfügigen Abweichungen kommen, welche mit hoher Wahrscheinlichkeit durch Ungenauigkeiten in der Eingabe der gemessenen Zylinderradien und der Schallgeschwindigkeit des Phantommaterials hervorgerufen wurden.

4.3 Simulationsergebnisse

Neben dem allgemein besseren Verständnis der Entstehung von optoakustischen Drucktransienten sowie deren Frequenzinhalt bietet das vorgestellte Simulationspaket auch die Möglichkeit, als Hilfestellung für konkrete Probleme bei der Messung solcher Signale verwendet zu werden. Da Ultraschallwandler(-arrays) im Allgemeinen nicht transparent sind, kann der Laserpuls, welcher zur Signalerzeugung genutzt wird, nicht durch diese hindurch gestrahlt werden. Dementsprechend muss eine Geometrie gefunden werden, welche es erlaubt, den Laserpuls an dem Wandlergehäuse vorbeizuführen und trotzdem eine möglichst homogene Ausleuchtung des Bereiches hoher akustischer Sensitivität des Wandlers ermöglicht. Für diese Fragestellung wurden die entwickelten Monte Carlo Simulationen im folgenden Abschnitt genutzt. Darüber hinaus wurden Signalspektren unterschiedlicher klinisch relevanter Strukturen berechnet, um

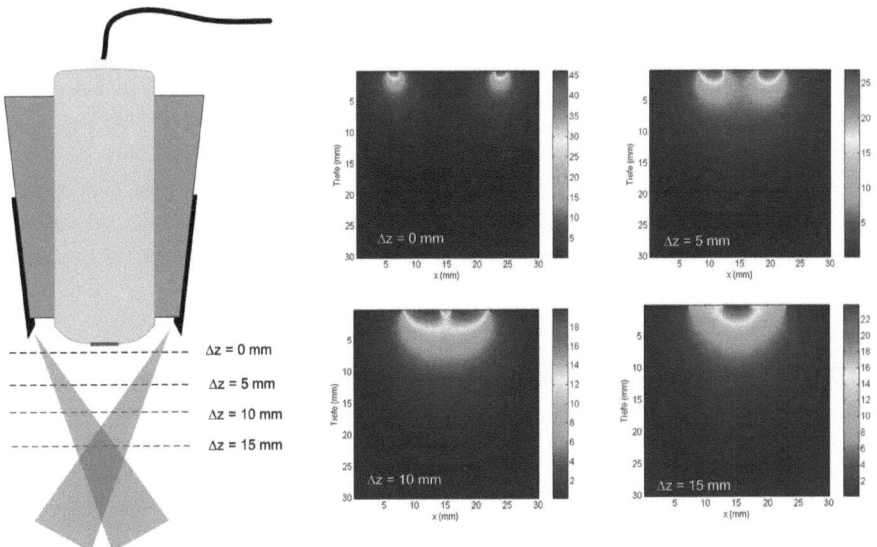

Abbildung 4.15: Lichtausbreitung in Gewebe bei verschiedenen Vorlaufstrecken

für den Empfang der von ihnen erzeugten optoakustischen Signale den optimal angepassten Ultraschallwandler bestimmen zu können.

4.3.1 Optimierung der Einstrahlgeometrie für lineare Ultraschallwandler

Bei der Verwendung von linearen Ultraschallwandlern zur optoakustischen Bildgebung erweist sich die Wahl der Beleuchtungsgeometrie als besonders schwierig, da die aktive Fläche des Wandlers direkt auf der Gewebeoberfläche liegt. Um die Amplituden der erzeugten Signale zu maximieren, muss der Bereich, aus welchem der Ultraschallwandler Signale mit hoher Sensitivität erfassen kann, mit dem Bereich, in dem ein Großteil des Lichtes absorbiert wird, übereinstimmen. Der Empfangsbereich von linearen Ultraschallwandlern ist in der lateralen Dimension durch die Breite der Apertur begrenzt und in elevationaler Dimension durch den natürlichen Fokus der einzelnen Elemente. Um eine maximale Signalstärke zu erzeugen, müsste dieser Bereich hoher akustischer Sensitivität mit einem Bereich hoher optischer Anregung überlappen. Dazu wurden verschiedene Beleuchtungsgeometrien simuliert und die daraus resultierenden Verteilungen an Strahlungsdichte im Gewebe verglichen. Dabei wurde davon ausgegangen, dass der Laserpuls über spaltförmige Laserfaserbündel, welche seitlich an einem Ultraschallwandler befestigt sind, auf das Gewebe appliziert wird. Der Winkel des Strahls zur normalen sowie dessen Öffnungswinkel haben ebenso wie eine eventuell vorhandene Vorlaufstrecke zwischen dem Ultraschallwandler und dem Gewebe einen großen Einfluss auf die

Strahlungsverteilung im Gewebe. Dies wird in Abbildung 4.15 deutlich, in der die Verteilung der Strahlungsdichte im Gewebe bei einem Lasereinfallswinkel von 25° zur Normalen der Wandlerapertur und verschiedenen Vorlaufstrecken im Bereich von 0 bis 15 mm berechnet wurde. Für die Werte der optischen Gewebeeigenschaften wurden experimentelle Daten von Kaninchenhaut ($\mu_a = 0{,}012$ mm^{-1}, $\mu_s = 4$ mm^{-1}, g = 0,9) gemäß [45] gewählt. Diese und weitere Simulationen haben gezeigt, dass ein Auftrittswinkel von ca. 20° und eine optische Vorlaufstrecke im Bereich von 10-15 mm bei den gegebenen Abmessungen der verwendeten Ultraschallwandler und den zu erwartenden Streueigenschaften in Gewebe eine bestmögliche Strahlungsverteilung ergeben.

4.3.2 Simulierte optoakustische Spektren relevanter Strukturen

Im folgenden Abschnitt werden die vorgestellten Simulationswerkzeuge genutzt, um optoakustische Spektren von Signalen klinisch relevanter Strukturen zu berechnen. Zu den vielversprechendsten Anwendungen der Optoakustik gehören die Bildgebung von Blutgefäßen sowie die Detektion von Tumoren, letzteres insbesondere bei Verwendung von Kontrastmitteln im Kontext der Molekularen Bildgebung. Um abschätzen zu können, welche Ultraschallwandler für die Aufnahme von optoakustischen Signalen solcher Strukturen am besten geeignet sind, wurden die Spektren von Blutgefäßen der Radien 50, 200, 500 und 2000 μm berechnet. Analoge Berechnungen wurden für (Mikro-)Tumore der Größen 200, 500, 2000 und 4000 μm durchgeführt. Die als Eingabeparameter notwendigen optischen Gewebeeigenschaften wurden [45] entnommen und als Laserpulsdauer wurde der Wert $\tau_{Laser} = 10$ ns angenommen.

Die Simulationsergebnisse zeigen, dass die zu erwartenden optoakustischen Signale bei den betrachteten Strukturen im niedrigen MHz-Bereich liegen. Bei kleinen Radien kann von homogener Absorption in der Probe ausgegangen werden, da die Abmessung der Struktur im gleichen Größenbereich wie die optische Eindringtiefe liegt.

4.4 Simulation zur Optimierung der Rekonstruktion

Um die Vor- und Nachteile verschiedener Rekonstruktionsalgorithmen einschätzen zu können, müssen diese anhand geeigneter Testdatensätze überprüft werden. Für einfache Geometrien (Punktquellen in verschiedenen Abständen, Zylinder) können solche Testdatensätze generiert werden, indem Signale von definierten Phantomen gemessen werden. Allerdings ist auch in diesem Fall der zum Teil aufwendige Bau eines optoakustischen Phantoms notwendig. Eine mit weniger Aufwand verbundene Alternative besteht in der Verwendung digitaler Phantome. Dabei werden die Signale von beliebigen Strukturen simuliert, so dass zweidimensionale Datensätze (Einzelkanaldaten) für die Rekonstruktion zur Verfügung stehen. Bei regelmäßigen Strukturen (Kreise, Ellipsen, Rechtecke) können die Kanaldaten simuliert werden, indem die optischen Eigenschaften durch die Gleichungen, welche die Strukturen beschreiben, parametrisiert werden.

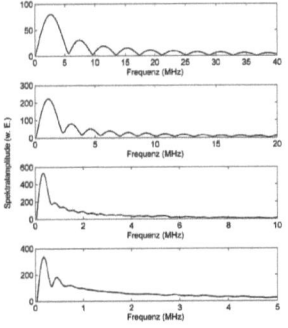
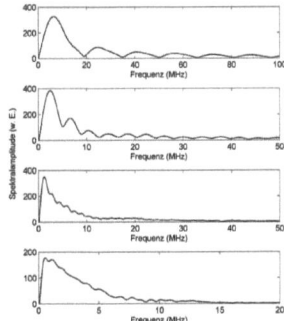

Abbildung 4.16: Vergleich von optoakustischen Spektren von runden Strukturen mit Radien 200, 500, 2000 und 4000 μm (von oben nach unten). Optische Eigenschaften: $\mu_a = 0{,}15$ mm^{-1}, $\mu_s = 21{,}6$ mm^{-1}, g = 0,97

Abbildung 4.17: Vergleich von optoakustischen Spektren von Zylindern (Gefäße) mit Radien 50, 200, 500 und 2000 μm (von oben nach unten). Optische Eigenschaften: $\mu_a = 0{,}98$ mm^{-1}, $\mu_s = 50{,}7$ mm^{-1}, g = 0,98

Ein Phantom mit einer einzelnen kreisförmigen Struktur mit Radius R am Ort (x_0, z_0) und Absorption μ_{a1} vor einem Hintergrund der Absorption μ_{a2} kann somit durch

$$p_0(x,z) = \begin{cases} \mu_{a1} & \text{für } R^2 < (x-x_0)^2 + (z-z_0)^2 \\ \mu_{a2} & \text{sonst} \end{cases} \quad (4.5)$$

beschrieben werden. Die Signale an den einzelnen Elementen können dann in einem weiteren Schritt gemäß Gleichung 4.2 berechnet werden. Sobald jedoch ein Phantom mit komplizierten Strukturen oder einer Vielzahl von regelmäßigen Strukturen simuliert werden soll, kann dieser Formalismus schlecht angewendet werden. Um solche Fälle abzudecken, wurde eine C# Anwendung geschrieben, welche es erlaubt, Bilddateien, die einem Querschnitt durch ein Phantom entsprechen, einzulesen und für einen virtuellen Ultraschallwandler mit vorgegebener Frequenz, Anzahl an Elementen und Pitch die zu erwartenden Signale zu berechnen. Dabei können beliebige Grafikdateien in den Formaten .png, .bmp oder .jpg als Vorlage für die Berechnung der optoakustischen Signale geladen werden. Die Grauwerte in der Bilddatei werden in Absorptionskoeffizienten umgerechnet, wobei der in der Bilddatei maximal vorhandene Grauwert auf einen vom Benutzer angegebenen Absorptionskoeffizienten $\mu_{a_{max}}$ umgerechnet wird. Weitere vom Benutzer einzugebende Parameter sind der Streukoeffizient μ_s sowie die schon erwähnten Eigenschaften des Ultraschallwandlers. Im Beispiel von Abbildung 4.18 werden die verschiedenen Schritte zur Erzeugung eines Liniendatensatzes aus einer Bilddatei aufgezeigt. Aus einer Grafik (links) wird unter Berücksichtigung der angegebenen optischen Eigenschaften die Verteilung an absorbierter Strahlung berechnet (Mitte).

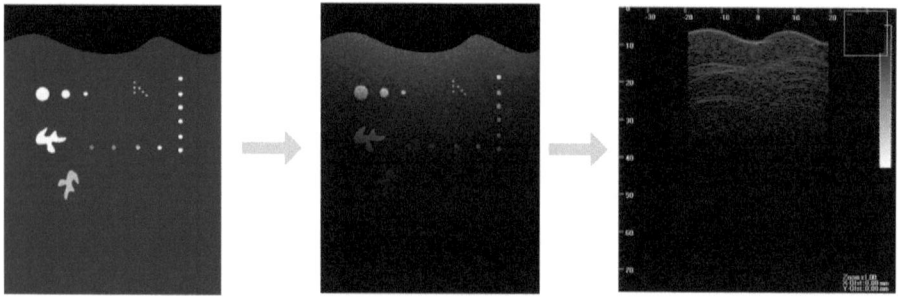

Abbildung 4.18: Umwandlung einer Grafik, welche einen Querschnitt durch ein Phantom darstellt in einen optoakustischen Liniendatensatz (Channel data)

In einem zweiten Schritt werden darauf basierend auf den Gleichungen 4.2 und 4.3 die Einzelkanaldaten (rechts) berechnet und im binären .grb Format gespeichert und stehen somit zur Verfügung, um verschiedene Rekonstruktionsalgorithmen zu evaluieren. Die in diesem Kapitel vorgestellten Simulationen erlauben es, erste Schritte zur Verbesserung der Sensitivität des optoakustischen Bildgebungssystems auf messtechnischer Seite zu unternehmen. Die Wahl eines Ultraschallwandlers mit spektralen Eigenschaften, welche auf die Frequenzen der generierten optoakustischen Signale abgestimmt sind, kann dabei das SRV der Daten erheblich erhöhen. Dies wird im dritten Teil der Arbeit an *in-vivo*-Daten von Blutgefäßen experimentell bestätigt. Eine weitere Anwendung der Simulation liegt in der Optimierung der Einstrahlgeometrie. Da die Amplitude eines optoakustischen Signals gemäß Gleichung 3.17 direkt proportional zur Strahlungsdichte des Lasers ist, kann das SRV durch eine ungünstige Wahl der Beleuchtungsgeometrie stark beeinträchtigt werden. Die vorgestellten Simulationen wurden daher auch genutzt, um den idealen Auftrittswinkel des Laserstrahls einzustellen. Der Wert von 20° zwischen der Normalen zur Wandlerapertur und dem Laserstrahl hat sich in den Simulationen als ideal erwiesen und wurde daher in dem mehrelementigen Aufbau durch speziell angeschliffene Laserspalte (siehe Kapitel 6, Abbildung 6.8) auch technisch realisiert.

Neben den durch die Simulationen ersichtlichen technischen Optimierungsmaßnahmen kann die Sensitivität des Systems auch durch eine geeignete Wahl der Rekonstruktions-Algorithmen sowie durch die Verwendung von speziell auf die optoakustische Bildgebung ausgelegten Filter-Verfahren verbessert werden. Die Kombination einer angepassten Detektion und einer optimierten optischen Anregung sowie speziellen Filterverfahren kann die Empfindlichkeit der Plattform dabei signifikant verbessern. Im Hinblick auf den Einsatz der Technik zur Molekularen Bildgebung ist dies gleichbedeutend mit einer Senkung der detektierbaren Partikelkonzentration. Der Fokus des nächsten Kapitels liegt daher auf der Entwicklung und der Evaluierung von neuen Filter-Algorithmen zur Verbesserung des SRV optoakustischer Bilder. Die im letzten Abschnitt dieses Kapitels vorgestellte Simulation für mehrkanalige optoakustische Bilddatensätze wird dabei zur Überprüfung der neuen Rekonstruktionsmethoden eingesetzt.

Kapitel 5

Signalverarbeitung und Rekonstruktionsalgorithmen

Die Verwendung eines Multielementwandlers und einer Mehrkanalelektronik zur Digitalisierung und Verstärkung der empfangenen Signale erlaubt es, Datensätze, welche zur Rekonstruktion eines Bildes notwendig sind, mit einer Wiederholrate im Bereich von 20 Hz aufzunehmen. Um diese Daten für die Bildgebung nutzen zu können, müssen aus den empfangenen Wellenfronten deren Ursprünge rekonstruiert werden. Erst durch die Rekonstruktion kann eine Darstellung erhalten werden, in der die Bereiche mit erhöhten Absorptionseigenschaften - bzw. mit hohen Impedanzunterschieden im Fall der Ultraschallbildgebung - sichtbar werden. Die dabei verwendeten Rückprojektionsalgorithmen werden in diesem Kapitel vorgestellt.

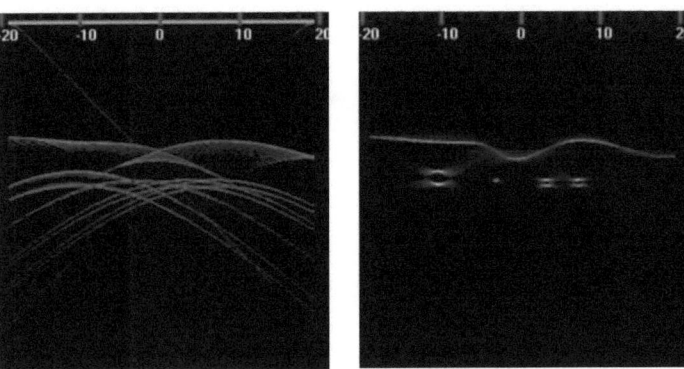

Abbildung 5.1: Transfer von Kanaldaten zu optoakustischen Bilddaten

Dabei kann zwischen zwei verschiedenen Verfahren gewählt werden. Beamforming-Algorithmen nutzen die Laufzeit von akustischen Wellen um anhand des Zeitversatzes in der Ankunftszeit an verschiedenen Wandlerelementen die genaue Position der Signalquelle zu berechnen. Im Unterschied dazu werden die Signale bei der Verwendung von 2D-FFT Algorithmen im Frequenzraum unter Berücksichtigung des Phasenversatzes aufsummiert. Die Vor- und

Nachteile beider Verfahren sowie mögliche Verbesserungen der Algorithmen werden in den folgenden Abschnitten vorgestellt.

5.1 Beamforming Algorithmen

Bei der Verwendung des Beamforming-Algorithmus (auch Sum-and-Delay Algorithmus) werden die gemessenen Signale aufsummiert, um den durch Absorption hervorgerufenen Druck $p_0(x,z)$ zum Zeitpunkt t = 0 zu rekonstruieren. Dabei wird die Verteilung p_0 berechnet, indem für jeden Bildpunkt am Ort (x,z) die gemessenen Signale über eine Apertur aus N Elementen gemäß

$$p_0(x,z) = \sum_N sig(k,t_k) \quad (5.1)$$

$$t_k = \sqrt{(x-x_k)^2 + \Delta z^2}/c \quad (5.2)$$

summiert werden. Die Variable x_k bezeichnet hierbei die Position des k-ten Wandlerelements. Die Geometrie bei der Rekonstruktion wird in Abbildung 5.2 dargestellt.

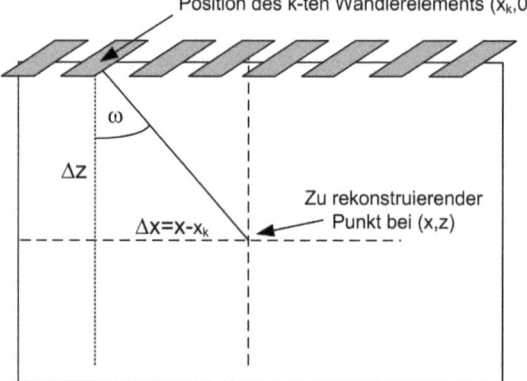

Abbildung 5.2: Geometrie bei der Rekonstruktion mit einem Beamforming-Algorithmus

In diesem einfachsten Beamforming-Algorithmus wird die Winkelabhängigkeit in der Sensitivität der Wandler ebenso wenig berücksichtigt wie weitere Filter-Möglichkeiten, welche zur Verbesserung des SNR und der Auflösung sowie zur Minderung von Rekonstruktionsartefakten eingesetzt werden können. Durch Abänderung des Parameters t_k kann Gleichung 5.2 auch zur Rekonstruktion von reinen Ultraschallbildern aus Kanaldatensätzen genutzt werden. Um der doppelten Wegstrecke, welche eine Welle bei der Ultraschallbildgebung im Vergleich zur Optoakustik zurücklegen muss, Rechnung zu tragen, muss die Laufzeit t_k um den „Hinweg", welchen eine Welle von der Wandleroberfläche zu einer streuenden Struktur in der Tiefe z zurücklegt, erweitert werden.

$$t_k = \left(\sqrt{(x-x_k)^2 + \Delta z^2} + z\right)/c \qquad (5.3)$$

Die Gleichungen 5.2 und 5.3 erlauben eine einfache Rekonstruktion von Kanaldatensätzen zu optoakustischen (oder akustischen) Bildern. In dieser einfachsten Form ist der Rekonstruktionsalgorithmus jedoch noch anfällig für Artefakte, insbesondere im Fall von Daten mit hohem Rauschanteil. Möglichkeiten, die Bildqualität bei der Rekonstruktion mit Beamforming-Algorithmen unter Verwendung verschiedener Filteralgorithmen zu optimieren, werden daher in den nächsten Abschnitten vorgestellt.

5.1.1 Dynamische Apodisierung

Die Sensitivität von Ultraschallwandlern ist im Allgemeinen stark von dem Winkel abhängig, aus dem die Welle auf die Apertur auftritt. Die Berücksichtigung dieses physikalischen Effektes bei der Rekonstruktion von Ultraschalldaten wird unter dem Begriff Apodisierung zusammengefasst. Dabei werden die Signale bei der Aufsummation gemäß Gleichung 5.1 mit einem Koeffizienten multipliziert, welcher die Datenpunkte je nach lateralem Abstand zwischen Wandlerelement und zu rekonstruierendem Punkt gewichtet. Wenn die Koeffizienten neben dem lateralen auch von dem axialen Abstand (und somit von dem Winkel) abhängen, wird von dynamischer Apodisierung gesprochen. Datenpunkte, welche von Signalen stammen, die mit einem Winkel von 90° zur Oberflächennormalen der Wandlerelemente auftreffen, werden dann mit dem höchsten Koeffizienten gewichtet. Die Abhängigkeit der Koeffizienten von dem Auftrittswinkel wird dabei mit mathematischen Formeln beschrieben, welche idealerweise die Winkelabhängigkeit der Wandlersensitivität präzise widerspiegeln. Die geläufigsten Funktionen in diesem Zusammenhang sind Gauss-Verteilungen, Hamming-Funktionen und quadrierte Spaltfunktionen ($sinc^2$). Bei der Rekonstruktion wird die Formel 5.1 mit einem Koeffizienten θ erweitert, welcher sich aus dem Winkel ω (siehe Abbildung 5.2) ergibt. Gleichung 5.1 wird in diesem Fall zu

$$p_0(x,z) = \sum_N sig(k,t_k) \cdot \theta(\Delta x, \Delta z) \qquad (5.4)$$

Dabei gilt je nach verwendeter Apodisierungsfunktion (Gauss, Hamming oder Sinc)

$$\theta = exp(-(\omega/\omega_0)^2) \qquad (5.5)$$
$$\theta = 0,54 + 0,46 \cdot cos(2 \cdot \omega) \qquad (5.6)$$
$$\theta = (sin(\omega)/\omega)^2 \qquad (5.7)$$

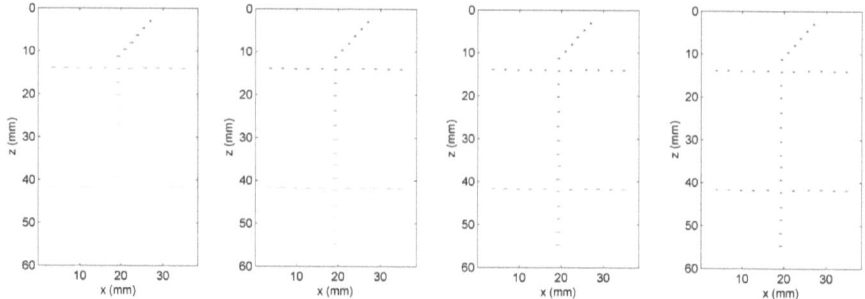

Abbildung 5.3: Optoakustisches Bild rekonstruiert mit verschiedenen Aperturen (16, 32, 64 und 128 Elemente von links nach rechts) - Signale von digitalem Phantom

Der Parameter ω_0, welcher die laterale Winkelabhängigkeit des Wandlers beschreibt, wird dabei idealerweise durch Schallfeldmessungen oder -berechnungen definiert. Allgemein resultiert die Berücksichtigung eines Apodisierungskoeffizienten in reduzierten Rekonstruktionsartefakten, in einer Unterdrückung von Nebenkeulen und einer Verringerung der FWHM-Breite (Full-Width-Half-Maximum) der Punkt-Antwort-Funktion (PSF), was mit einer höheren Bildauflösung gleichzusetzen ist. Der Einfluss der verwendeten Funktion wurde anhand von Phantomen evaluiert. Dabei hat sich gezeigt, dass die Verwendung einer Gaußfunktion zur Beschreibung der Apodisierungsfunktion zu dem geringsten Maß an Rekonstruktionsartefakten führt. Bei allen weiteren Rekonstruktionen gemäß Gleichung 5.4 wurde daher eine Gaußfunktion zur Beschreibung des Apodisierungsverlaufs verwendet.

5.1.2 Apertur und Liniendichte

Bei der Rekonstruktion gemäß Gleichung 5.4 wird die Abbildungsqualität neben der eventuellen Verwendung verschiedener Filter auch stark durch die Anzahl N der aufsummierten Signale beeinflusst. Allgemein gilt, dass die Bildqualität (SNR, PSF) zusammen mit der Anzahl der verwendeten Signale steigt, da die Fokussierung durch die Verwendung einer größeren Apertur verbessert wird. Besonders im Hinblick auf die Echtzeitfähigkeit der Rekonstruktion muss aber berücksichtigt werden, dass die Dauer der Rekonstruktion ebenfalls direkt proportional zu N ist. Der Einfluss der Apertur N auf die Qualität der rekonstruierten Bilder wird in Abbildung 5.3 deutlich. Dabei wurden Signale von optoakustischen Punktquellen, welche mit einem digitalem Phantom simuliert wurden, mit Gleichung 5.2 rekonstruiert. Die Breite der Apertur wurde dabei zwischen 16, 32, 64 und 128 Elementen variiert. Der Einfluss einer eingeschränkten Apertur wird besonders in größeren Tiefen durch eine verbreiterte Punktantwort deutlich.

Neben der Proportionalität zur Anzahl der in der Rekonstruktion verwendeten Linien ist die Laufzeit des Beamforming-Algorithmus ebenso zur Anzahl an Pixeln proportional. Daher steigt die Berechnungsdauer mit der Liniendichte des rekonstruierten Bildes. Vergleiche von Rekonstruktionen von Signalen einer optoakustischen Punktquelle unter Verwendung unterschiedlicher Liniendichten (siehe Abbildung 5.4) zeigen jedoch, dass die laterale Auflösung durch die Steigerung der Anzahl an lateralen Linien im Bild bis zu einem gewissen Grad verbessert werden kann.

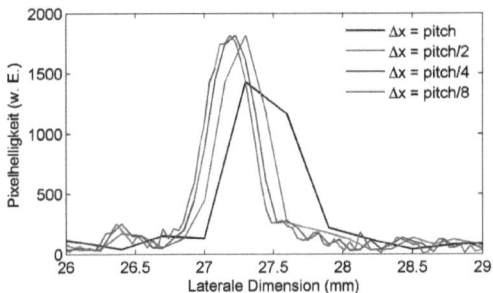

Abbildung 5.4: Einfluss der Liniendichte bei der Rekonstruktion. Signale einer optoakustischen Punktquelle (experimentelle Daten, Pitch = 0,3 mm) wurden mit unterschiedlichen Liniendichten rekonstruiert

Bei weiterer Steigerung der Liniendichte war kein Einfluss auf die Bildqualität zu erkennen. Dies kann anhand einer einfachen Überlegung auf Basis der Formeln für die Delay-Berechnung verdeutlicht werden. Eine i-fache Überabtastung ergibt nur Sinn, solange nebeneinander liegende Bildpunkte durch die Summation unterschiedlicher Datenpunkte rekonstruiert werden, d.h. wenn die Differenz Δn der Indizes ungleich 0 ist. Diese Differenz ergibt sich aus den Unterschieden in den Laufzeiten zwischen einem Wandlerelement und zwei benachbarten Bildpunkten P_1 und P_2, welche bei i-facher Überabtastung durch den Abstand $\Delta x/i$ (= Pitch / i) voneinander getrennt sind.

$$t_1 = \sqrt{z^2 + (k \cdot \Delta x)^2}/c \tag{5.8}$$

$$t_2 = \sqrt{z^2 + (k \cdot \Delta x - \Delta x/i)^2}/c \tag{5.9}$$

$$\Delta n = (t_1 - t_2) \cdot f_s \tag{5.10}$$

Für den Fall von Datenpunkten, welche in 2 cm axialem Abstand von der Wandlerapertur direkt nebeneinander liegen, wurden die Unterschiede der zur Summation benutzten Indizes von Signalen verschiedener Elemente berechnet.

Das Ergebnis wird in Abbildung 5.5 aufgezeigt. Die Datenabtastrate f_s liegt bei 80 MHz und der Pitch Δx wurde mit 300 μm angegeben (in Analogie zu den Werten der experimentell verwendeten Hardware). Hier wird deutlich, dass eine 8 bis 16-fache laterale Überabtastung keinen Sinn macht, da nahezu immer die gleichen Datenpunkte aufsummiert werden ($\Delta n < 1$).

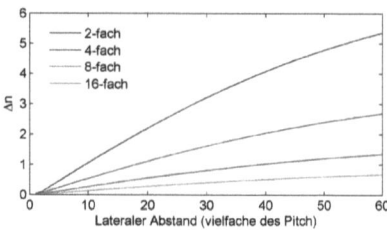

Abbildung 5.5: Laufzeitunterschiede von Signalen benachbarter Bildpunkte bei verschiedene lateralen Überabtastungen

5.1.3 Kohärenz-Faktor, Median und Offset Filter

Neben der schon vorgestellten Apodisierung stehen weitere Filtermöglichkeiten zur Verbesserung der Bildqualität zur Verfügung. Von besonderer Relevanz sind Filter, welche hardwarebedingte störende Einflüsse noch vor der eigentlichen Rekonstruktion minimieren. Zu diesem Zweck wurden ein Median- und ein Offset-Filter implementiert, welche zwei verschiedene aber für die verwendete optoakustische Bildgebung charakteristische Störungen beseitigen sollen. Darüber hinaus wurde ein Kohärenzfilter [70] entwickelt, welcher zu einer erheblichen Steigerung des SNR führt.

Offset-Filter Bedingt durch die Konstruktion der zur Bildgebung verwendeten Mehrkanalplattform DiPhAS weisen die aufgenommen Kanaldatensätze für alle Einzelkanäle verschiedene Signal-Offsets auf. Bei einer Digitalisierungstiefe von 12 bit, mit der die Daten akquiriert werden, liegt dieser Offset im Bereich von -100 bis 100 Datenpunkten, was bei einer auf Summation basierenden Rekonstruktion zu erheblichen Artefakten führen kann. Um diesen Effekt zu mindern, werden die digitalisierten Daten vor der Rekonstruktion kanalweise gefiltert. Zum Entfernen des Offsets wurden zwei verschiedene Methoden implementiert:

- Berechnung des Mittelwertes der Daten eines Kanals. Subtraktion des Mittelwertes von jedem Datenpunkt

- FFT eines Kanaldatensatzes. Hochpassfilter zur Unterdrückung der 0-Frequenz (Offset-Anteil) und anschließende inverse FFT

Nach Evaluation beider Filter wurde aus Gründen der Laufzeit der auf Mittelung und Subtraktion basierende Algorithmus in das System implementiert.

Median-Filter Eine weitere Quelle von Störungen bei der optoakustischen Bildgebung liegt in den Hochspannungssignalen im Größenbereich von 1 kV, welche zur Öffnung des Q-switch (siehe Kapitel 6) im Laserkopf erzeugt werden. Auch bei optimaler Schirmung kann das Einkoppeln solcher Störsignale in die Messelektronik nicht immer verhindert werden. Da bei

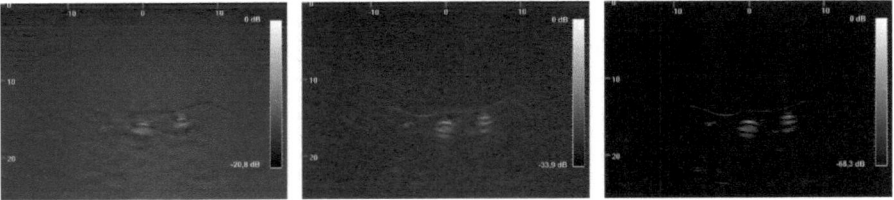

Abbildung 5.6: Einfluss von Filtern auf das Rekonstruktionsergebnis. links: Rekonstruktion gemäß Gleichung 5.4 ohne Filter, Mitte: mit Median-Filter, rechts: mit Median- und Kohärenzfilter

der Verwendung einer Mehrkanalelektronik die Signale an allen Wandlerelementen simultan aufgenommen werden, finden sich diese Störungen auch in allen Kanaldatensätzen an der gleichen Stelle wieder, was in den rekonstruierten Bildern zu hellen horizontalen Bildstreifen führt. Die Simultanität der Störung auf allen elektronischen Kanälen kann jedoch zu deren Entfernung genutzt werden, indem die Datenpunkte aller Kanäle für jeden Zeitpunkt einer Median-Filterung unterzogen werden. Bei einem Datensatz aus N_x x N_z Datenpunkten wird der Median der Kanaldaten für jede Tiefe z_n (n = 1:N_z) berechnet und dieser anschließend von jedem Datenpunkt (x_m,z_n mit m = 1:N_x) subtrahiert. Der Effekt einer solchen Filterung wird in Abbildung 5.6 an einem optoakustischen Datensatz von subkutanen Blutgefäßen in der Hand dargelegt.

Kohärenzfilter Eine Verbesserung des SNR sowie der Auflösung kann durch weitere Filteralgorithmen herbeigeführt werden. Eine Möglichkeit hierzu liegt in der Verwendung eines Kohärenzfilters. Bei dieser Methode wird jedem Bildpunkt ein Koeffizient σ im Wertebereich zwischen 0 und 1 zugeordnet, welcher die Wahrscheinlichkeit darstellt, dass der betrachtete Punkt eine Quelle von kohärenten Schallwellen ist [70][71].

$$\sigma(x,z) = \left|\sum_N sig(k,t_k)\right| / \sum_N |sig(k,t_k)| \qquad (5.11)$$

Die Erweiterung der Gleichung 5.1 gemäß

$$p_0(x,z) = \sigma(x,z) \cdot \sum_N sig(k,t_k) \cdot \theta(\Delta x, \Delta z) \qquad (5.12)$$

führt zu einer erheblichen Unterdrückung von Rekonstruktionsartefakten. Der Einfluss der Kohärenzfilterung wird in Abbildung 5.6 deutlich, in der die Ergebnisse einer Rekonstruktion von *in-vivo* Daten von Blutgefäßen in der Hand mit und ohne Filterung verglichen werden. Durch den Einsatz der Kohärenzfilterung wird der Signal-Rausch-Abstand in den rekonstruierten Daten stark erhöht. Darüber hinaus hat dieser Filter auch einen Einfluss auf die Auflösung der rekonstruierten Bilder, welcher in Kapitel 8 an experimentellen Phantomdaten aufgezeigt werden soll.

5.1.4 Mittelung und Korrelationsfilter

Eine weitere Verbesserung des SNR von optoakustischen Signalen kann durch Mittelung oder durch die Verwendung eines Korrelationsfilters erreicht werden. Da die optoakustischen Signale einer Struktur bei beiden Methoden mehrfach aufgenommen werden müssen, bedeutet dies eine Reduzierung der möglichen Bildwiederholrate. Der Gewinn an Bildqualität, welcher diesem Mehraufwand in Bezug auf die Messzeit gegenübersteht, soll durch einen Vergleich beider Methoden für den Fall von *in-vivo* Daten von humanen Blutgefäßen evaluiert werden. Das Prinzip des Korrelationsfilters liegt in einer linienbasierten Filterung der Signale. Zur Rekonstruktion eines Bildes müssen die Daten zweimal aufgenommen werden und die Datensätze dann linienweise verglichen werden. Dabei wird für jeden Datenpunkt ein statistischer Faktor im Wertebereich zwischen 0 und 1 durch den Vergleich kurzfristiger Trends in einem Fenster der Breite M in beiden Datensätzen berechnet und anschließend auf den Wert des Datenpunktes aufmultipliziert. Dieser Wert stellt eine Wahrscheinlichkeit dafür dar, dass der betrachtete Datenpunkt auf ein tatsächliches Signal und nicht auf elektronisches Rauschen oder Störsignale zurückzuführen ist. Durch die Multiplikation werden Signalanteile, welche durch Rauschen oder Störungen erzeugt werden, gemäß dem Wahrscheinlichkeitsfaktor $p(x)$ abgeschwächt.

$$p(x) = \left(\sum_{k=x-M}^{x-M} s_1(k) \cdot s_2(k)\right) / \left(\sum_{k=x-M}^{x-M} s_1(k)^2 \cdot \sum_{k=x-M}^{x-N} s_2(k)^2\right) \quad (5.13)$$

Die Variablen s_1 und s_2 stellen dabei Signale der gleichen Bildlinie aus zwei unterschiedlichen Datensätzen dar. Für die Filterung eines kompletten Bilddatensatzes müssen die Rechenschritte aus Gleichung 5.13 auf jede Linie im Bild angewendet werden.

In Abbildung 5.7 wird der Einfluss der Korrelationsfilterung an einer Bildlinie aufgezeigt. Dazu wurden zwei optoakustische Datensätze von Blutgefäßen aufgenommen. Zur Filterung wurde für jeden Datenpunkt ein Korrelationskoeffizient durch den Vergleich der Werte in den beiden Datensätzen gemäß Gleichung 5.13 ermittelt. Die geglätteten Korrelationskoeffizienten (obere Grafik in Abb. 5.7) wurden dann auf die Originaldaten aufmultipliziert. Der Vergleich zwischen den gefilterten Daten (mittlere Grafik) und den gemittelten Daten (untere Grafik) zeigt den Vorteil des Korrelationsfilters in Bezug auf den Gewinn an SRV.

5.1.5 Spektralfilter

Bei konventionellem Ultraschall können spektrale Anteile von Nutzsignalen und Rausch- oder Störsignalen einfach durch Bandpassfilterung getrennt werden, da der spektrale Bereich,

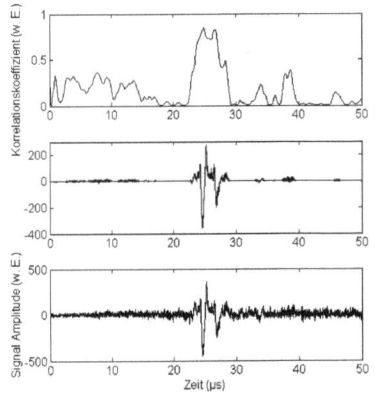
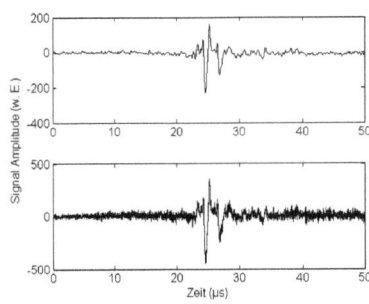

Abbildung 5.7: Einfluss des Korrelationsfilters gemäß Gleichung 5.13. Korrelationskoeffizient als Funktion der Zeit (oben), gefiltertes Signal (Mitte), 2-mal gemitteltes Signal zwecks Vergleichs (unten)

Abbildung 5.8: Einfluss des spektralen Filters. Gefiltertes Signal (oben) und Originalsignal (unten)

in dem sich Nutzsignale befinden, durch die Übertragungsfunktion des verwendeten Ultraschallwandlers gegeben ist. Bei der optoakustischen Bildgebung jedoch hängt die Frequenz der gemessenen Signale in komplexer Weise von den Dimensionen und der Geometrie der schallemittierenden Strukturen ab. Somit kann *a-priori* nicht gesagt werden, welcher spektrale Bereich aus den Signalen herausgefiltert werden muss, um vorhandene Rauschanteile zu unterdrücken. Um diese Problematik zu umgehen, wurde ein Filter entwickelt, welcher relevante spektrale Anteile identifizieren kann, indem zwei Signalspektren identischer Strukturen mittels Korrelationsanalyse verglichen werden. Die Datensätze werden dazu nach der Transformation in den Frequenzraum linienweise gefiltert, wobei für jeden Datenpunkt ein Korrelationskoeffizient in Analogie zu Gleichung 5.13 ermittelt wird. Die Signale s_1 und s_2 werden dazu lediglich durch ihre Fouriertransformierten ersetzt. Der Einfluss dieses Filters wird in Abbildung 5.8 deutlich. Ohne vorherige Kenntnis der Frequenz der erzeugten optoakustischen Signale wurde hochfrequentes Rauschen von dem Nutzsignal getrennt.

5.1.6 Symmetriefilter

Eine weitere Möglichkeit zur Minderung von Rekonstruktionsartefakten bietet die Nutzung von Symmetrien. Bei der Rekonstruktion eines Bildpunktes an der Position (x,z) gemäß Gleichung 5.4 werden an N Elementen empfangene Signale aufsummiert. Bei der Symmetrie-Filterung wird die Apertur aus N Elementen in zwei Subaperturen der Breite N/2 aufgeteilt.

Jeder Bildpunkt wird zweifach rekonstruiert. Einmal durch Summation über eine Subapertur

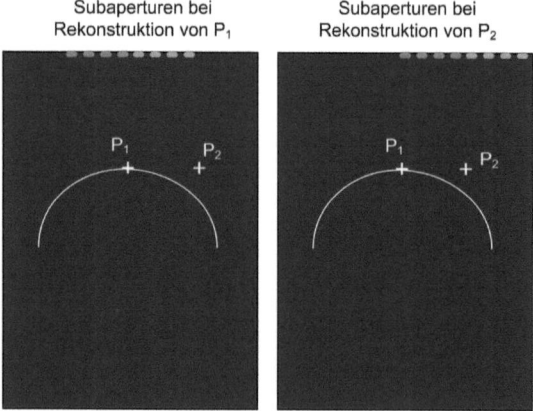

Abbildung 5.9: Symmetrie-Filter: P_1 ist auf dem Scheitelpunkt einer Welle, daher „sehen" beide Subaperturen die gleichen Signale (hohes Maß an Symmetrie) bei der Berechnung von P_1. Bei der Berechnung von P_2 werden auf den verschiedenen Subaperturen unterschiedliche Signale empfangen (geringes Maß an Symmetrie). Punkt P_2 ist daher mit hoher Wahrscheinlichkeit keine Signalquelle

aus N/2 Elementen, welche rechts des Punktes liegen und ein weiteres Mal über eine N/2-Subapertur, welche links des Punktes liegt. Somit liegen nach der Rekonstruktion zwei Datensätze vor, in denen jeder Punkt mit zwei verschiedenen Aperturen berechnet wurde. Strukturen, welche auf tatsächliche Signale zurückzuführen sind, müssen in beiden Rekonstruktionen vorhanden sein, während Artefakte meist nur in einem der beiden Datensätze vorkommen. Der Grund hierfür wird in Abbildung 5.9 ersichtlich. Jeder Bildpunkt wird rekonstruiert, indem Datenpunkte entlang einer fiktiven Wellenfront aufsummiert werden. Liegt ein Punkt auf dem Scheitel einer tatsächlichen Wellenfront (P_1 in Abbildung 5.9), so ist davon auszugehen, dass er tatsächlich die Quelle einer optoakustischen Welle darstellt. In dem Fall werden sowohl in den Subaperturen links als auch rechts von ihm identische Signale empfangen. Liegt ein Punkt jedoch abseits einer solchen Wellenfront (P_2 in Abbildung 5.9), so werden wahrscheinlich nur auf einer der beiden Subaperturen Signale empfangen. Eine Übereinstimmung zwischen den Signalen, welche auf beiden Subaperturen empfangen werden, ist somit ein guter Indikator für die Wahrscheinlichkeit, dass ein Punkt eine tatsächliche optoakustische Quelle darstellt.

Der Effekt der Symmetriefilterung wird in Abbildung 5.10 deutlich. Im Gegensatz zu den anderen in diesem Kapitel schon vorgestellten Verfahren liegt der Effekt dieses Filters nicht im Unterdrücken von Rauschen (und dementsprechend in der Verbesserung des SRV). Vielmehr dient dieses Verfahren dazu, rauschunabhängige Rekonstruktionsartefakte aus dem Bild herauszufiltern. Zur Veranschaulichung des Effekts wurden die in Abbildung 5.10 aufgeführten Bilddaten einmal mit Symmetriefilter (Bild b) und einmal ohne Filter (Bild a) rekonstruiert. Die Bilder unterscheiden sich vor allem in der Amplitude der Signalnebenkeulen, welche rechts

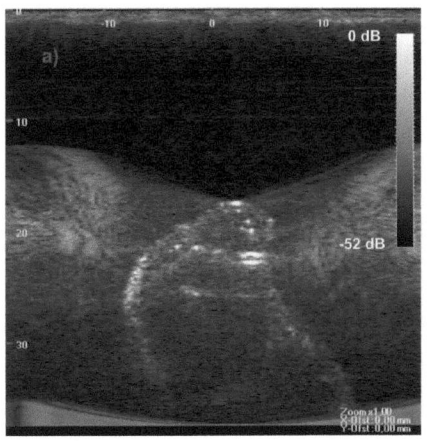 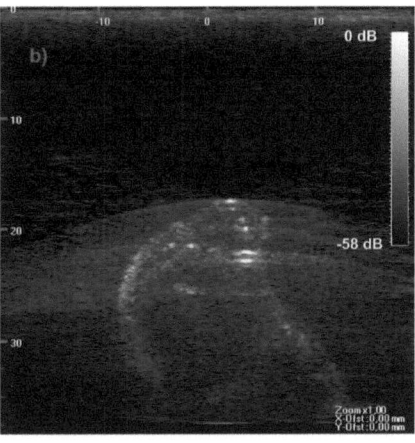

Abbildung 5.10: Einfluss der Symmetriefilterung auf einen Ultraschalldatensatz (*ex-vivo*-Messungen an einer Maus): Rekonstruktion ohne Filterung (a) und mit Filterung (b)

und links der Bildmitte in dem ungefilterten Bild sehr deutlich erscheinen, während sie in dem gefilterten Bild stark gedämpft sind.

5.2 FFT Algorithmen

Als Alternative zu den schon vorgestellten Beamforming-Algorithmen können auf zweidimensionaler Fouriertransformation basierende Verfahren zur Rekonstruktion von optoakustischen Signalen verwendet werden. Dabei werden die Kanaldaten, welche die gemessenen Signale als Funktion des Ortes und der Zeit beinhalten, mit Hilfe einer 2D-FFT (FFTW, [69]) in den k_x, ω-Raum transformiert. In einem zweiten Berechnungsschritt werden die Zeitfrequenzkoordinaten ω in Ortsfrequenzen k_z transformiert, so dass der Druck $p_0(k_x, k_z)$ vorliegt. Im letzten Schritt wird eine inverse 2D-FFT zur Berechnung von $p_0(x, z)$ verwendet. Die theoretischen Grundlagen dieses Algorithmus werden in [33] und [34] beschrieben. Bei der $\omega \rightarrow k_z$ Transformation der Daten müssen die spektralen Amplituden einer Frequenz ω möglichst genau zugeordnet werden. Daher ist eine Diskretisierung von ω in möglichst kleine Schritte von Vorteil. Bei der FFT ergibt sich diese aus der Abtastrate f_s sowie der Anzahl an Datenpunkten N zu $\Delta\omega = 2\pi f_s/N$. Um die Diskretisierung zu verfeinern, wird im Kontext dieses Rekonstruktionsalgorithmus die Technik des „Zero Paddings" verwendet. Dabei wird der Datensatz durch das Anhängen von Nullen auf die Länge $2 \cdot N$ verlängert, wodurch $\Delta\omega$ auf $2\pi f_s/(2 \cdot N)$ verkleinert wird. Im Vergleich mit Beamforming-Algorithmen erweisen sich beide Rekonstruktionsarten als gleichwertig in Bezug auf die Abbildungstreue. Jedoch sind Beamforming-Algorithmen wesentlich weniger anfällig gegenüber hohen Rauschpegeln. Dies wird in Abbildung 5.11 deutlich, in der Signale von digitalen Phantomen mit unterschiedlichem Rauschpegel (5, 10 und 25%) mit beiden

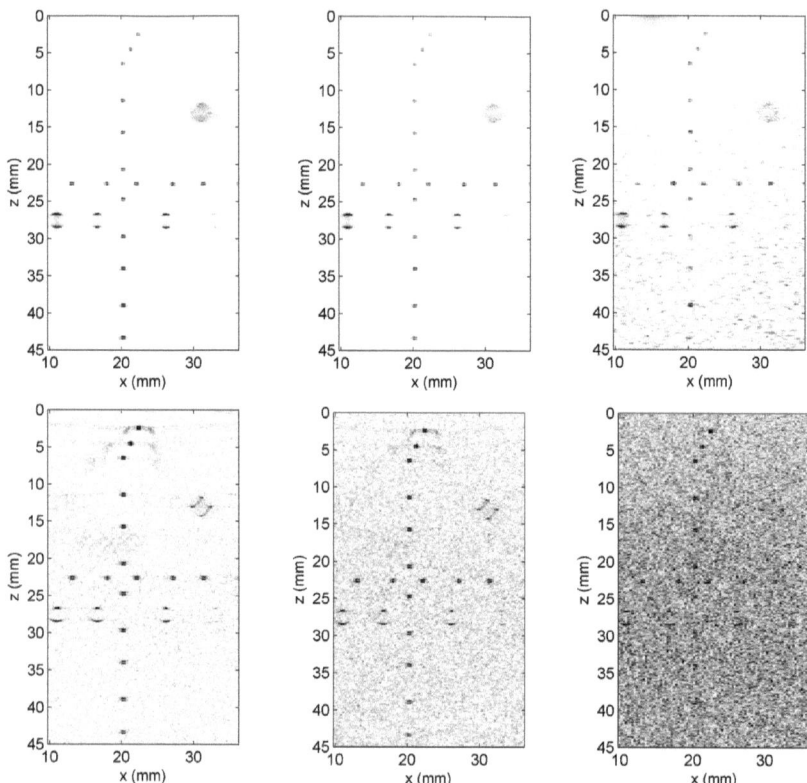

Abbildung 5.11: Vergleich zwischen FFT (untere Reihe) und Beamforming-Algorithmus (obere Reihe). Die Kanaldatensätze mit 5, 10 und 25 % Rauschpegel (von links nach rechts) wurden mit digitalen Phantomen simuliert

Algorithmen zu Bildern rekonstruiert wurden. Bei niedrigen Rauschpegeln liefern beide Rekonstruktionsmethoden vergleichbare Ergebnisse.

Bei höheren Rauschpegeln werden die Signalquellen jedoch bei der Rekonstruktion mit dem Beamforming-Algorithmus mit besserem Kontrast gegenüber dem Rausch-Hintergrund dargestellt. Vor allem bei der Rekonstruktion der simulierten Kanaldaten mit einem Rauschpegel von 25% können in den FFT-Bildern kaum noch Strukturen erkannt werden, während die meisten Signalquellen in den mit dem Beamforming-Algorithmus rekonstruierten Darstellungen eindeutig vom Hintergrund unterscheidbar sind.

5.3 Abbildungsqualität

Aufgrund des prinzipiellen Unterschieds in dem Mechanismus der Signalerzeugung bei Ultraschall und optoakustischer Bildgebung unterscheiden sich auch die mit beiden Verfahren generierten Bilder sehr stark voneinander. Aus der Ableitung in Gleichung 3.25 wird deutlich, dass optoakustische Signale nur an Grenzschichten zwischen Materialien unterschiedlicher optischer Eigenschaften entstehen können. Homogen absorbierende Strukturen generieren somit nur an den Grenzflächen zur Umgebung Signale, während das Innere einer solchen Struktur unsichtbar bleibt. In der medizinischen Ultraschallbildgebung können Organe nicht nur anhand der starken Echos an Grenzschichten sondern auch anhand unterschiedlicher Streumuster („Speckle") differenziert werden. Da sich diese Specklemuster durch stochastische Streuung der eingestrahlten Ultraschallwelle ausbilden und ein solcher akustischer Sendepuls im Kontext der optoakustischen Bildgebung nicht genutzt wird, stehen auch keine Specklemuster zur Gewebedifferenzierung zur Verfügung. Um die Eigenheiten der optoakustischen Bildgebung klarer hervorzuheben, wurden Signale von unterschiedlichen geometrischen Strukturen (z.B. Punkte, Kreise, Rechtecke) mit dem in Abschnitt 4.4 vorgestellten Simulationswerkzeug berechnet. Die so erhaltenen Signale wurden mit einem Beamforming-Algorithmus in optoakustische Querschnittsbilder umgewandelt.

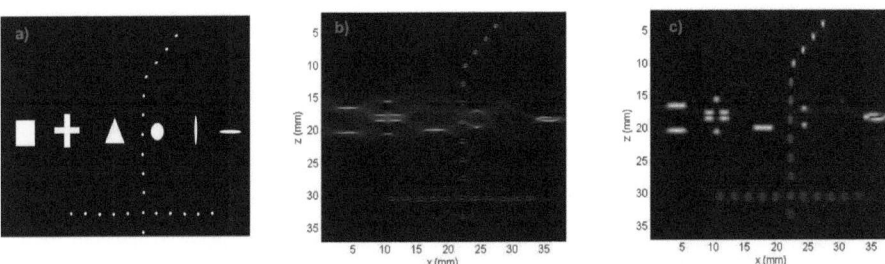

Abbildung 5.12: Abbildungsqualität und Einfluss der Bandbreite. a) Querschnitt durch digitales Phantom, b) Rekonstruiertes Bild (Signale mit 7 MHz Wandler simuliert), c) Rekonstruiertes Bild (Signale mit 3 MHz Wandler simuliert)

Abbildung 5.12 zeigt einen Vergleich zwischen einem Querschnittsbild durch das digitale Phantom mit unterschiedlichen geometrischen Strukturen (Grafik a) und den rekonstruierten Bildern (Grafiken b und c). Bei der Simulation der Signale wurden 2 verschiedene Wandler (3 MHz Mittenfrequenz, 1,5 MHz Bandbreite sowie 7 MHz Mittenfrequenz, 5 MHz Bandbreite) angenommen, um den Einfluss der Wandlerbandbreite auf das rekonstruierte Bild herauszustellen. Die Unterschiede zwischen der Vorlage und den Rekonstruktionen machen deutlich, dass von homogen absorbierenden Bereichen lediglich die Grenzflächen abgebildet werden können. Darüber hinaus wird der Einfluss der Orientierung der Grenzfläche im Bezug zur Detektionsapertur deutlich. Während Grenzflächen, welche parallel zur Apertur verlaufen, sehr gut detektierbar sind, scheinen dazu orthogonale Grenzflächen nahezu unsichtbar.

Diese Tatsache ist besonders bei der Interpretation von (prä-)klinischen Daten zu beachten, da rekonstruierte Bilder von anatomischen Strukturen unter Umständen stark von deren gewohntem Aussehen (z.B. in Ultraschallbildern) abweichen können. Ein eindrucksvolles Beispiel hierfür sind Blutgefäße. Während diese in Ultraschallbildern als dunkle echoarme Strukturen vor einem Specklehintergrund erscheinen, können sie in optoakustischen Bildern als zwei bogen- bis halbkreisförmige Strukturen erkannt werden. Die Grenzflächen der Gefäße, welche orthogonal zur Apertur stehen (bzw. bei denen die Tangenten orthogonal zur Apertur sind), fehlen im Bild ebenso wie das Innere der Gefäße. Dies ist vor allem in Kapitel 10 zu beachten, in dem Messungen von humanen Blutgefäßen vorgestellt werden.

5.4 Rekonstruktionsgeschwindigkeit

Für die Echtzeitfähigkeit eines bildgebenden Systems ist es zusätzlich zur hinreichend schnellen Aufnahme der Messdaten auch notwendig, diese in kürzester Zeit zu verarbeiten. Bei den hier vorgestellten Beamforming-Algorithmen muss jeder später im Bild als Pixel dargestellte Datenpunkt einzeln rekonstruiert werden. Sofern weder eine Überabtastung in laterale Richtung noch eine Unterabtastung in axialer Richtung bei der Rekonstruktion benutzt werden, müssen bei den hier verwendeten Datensätzen 128 x 4094 Datenpunkte rekonstruiert werden. Durch die Summation über die Apertur müssen für jeden Pixel außerdem zwischen 16 und 128 Laufzeiten zu den verschiedenen Wandlerelementen berechnet werden. Aus diesen Überlegungen wird klar, dass selbst moderne Mehrkernprozessoren bei einer ineffizienten Programmierung schnell an ihre Grenzen stoßen. Um die Echtzeitfähigkeit der Bildgebung zu gewährleisten, wurden die für den Beamformingalgorithmus notwendigen Delaywerte daher im Vorfeld der eigentlichen Messung berechnet und in Look-up Tabellen gespeichert. Durch das Zugreifen auf solche Tabellen kann die Anzahl der Operationen, welche für die Rekonstruktion eines Datenpunktes notwendig sind, auf ein Minimum reduziert werden. Durch die Auslagerung der Berechnung der Delays und der Apodisierungskoeffizienten in Look-up Tabellen konnte die Bildwiederholrate des Systems von anfänglich wenigen Hertz auf mittlerweile bis zu 23 Hz erhöht werden, so dass tatsächlich von einer Echtzeitfähigkeit der Rekonstruktion gesprochen werden kann.

5.5 Algorithmen für die Multispektrale Optoakustische Bildgebung

Der proportionale Zusammenhang zwischen dem Absorptionskoeffizienten einer Struktur und der Amplitude des resultierenden optoakustischen Signals kann zusammen mit der starken spektralen Abhängigkeit der Absorption vieler biologischer Medien und Kontrastmittel für die Multispektrale Optoakustische Bildgebung genutzt werden. Dabei werden optoakustische Signale einer Struktur mehrfach bei unterschiedlichen Anregungswellenlängen aufgenommen.

Bei bekannten optischen Eigenschaften einer untersuchten Probe kann durch dieses Verfahren eine Unterscheidung verschiedener Strukturen auf Grund abweichender spektraler Abhängigkeit der Absorptionskoeffizienten erreicht werden. So können z.b. Kontrastmittel mit ausgeprägtem Absorptionsmaximum von einem homogen absorbierenden Hintergrund getrennt werden, wobei diese Art der Bildgebung einen vielfach höheren Kontrast ermöglicht als die „konventionelle" optoakustische Bildgebung. Darüber hinaus können strukturelle Informationen gewonnen werden, da sich die Absorptionseigenschaften vieler Gewebetypen (z.b. von Oxy- und Deoxy-Hämoglobin) in weiten Wellenlängenbereichen unterscheiden. Um aber Strukturen mit unterschiedlichen optischen Eigenschaften voneinander trennen zu können, sind besondere Auswertealgorithmen erforderlich. Im einfachsten Fall, bei dem eine Struktur mit schmalem Absorptionsmaximum von einem homogen absorbierenden Hintergrund getrennt werden soll, reicht es aus, optoakustische Signale bei zwei Wellenlängen aufzunehmen. Dabei sind die Wellenlängen so zu wählen, dass die Erste dem Absorptionsmaximum der Inhomogenität entsprechen muss und die Zweite einem Bereich, in dem die Absorption der Inhomogenität wieder auf den Wert des Hintergrundes abfällt. In diesem Fall können die Strukturen durch einfache Subtraktion der beiden optoakustischen Bilder getrennt werden. Wenn verschiedene Strukturen mit bekanntem aber nicht konstantem Absorptionsverlauf getrennt werden sollen, müssen andere Methoden angewendet werden bei denen die Kenntnis des Verlaufs der Absorptionsspektren in dem relevanten Wellenlängenbereich eine Voraussetzung ist. Um Strukturen mit variierenden optischen Eigenschaften, von denen optoakustische Datensätze bei zwei oder mehr Wellenlängen vorliegen, zu trennen, wurde ein Algorithmus entwickelt, welcher auf der Basis eines Referenzwertes und eines vorgegebenen Toleranzbereiches die Zugehörigkeit einzelner Pixel zu der jeweiligen Struktur bestimmt. Diese Rechenvorschrift soll im Folgenden beispielhaft an einem synthetischen Datensatz skizziert werden. Dabei wird davon ausgegangen, dass optoakustische Signale von zwei subkutanen Strukturen mit unterschiedlichem Absorptionsverlauf bei verschiedenen Wellenlängen (λ_1 bis λ_3) aufgenommen wurden.

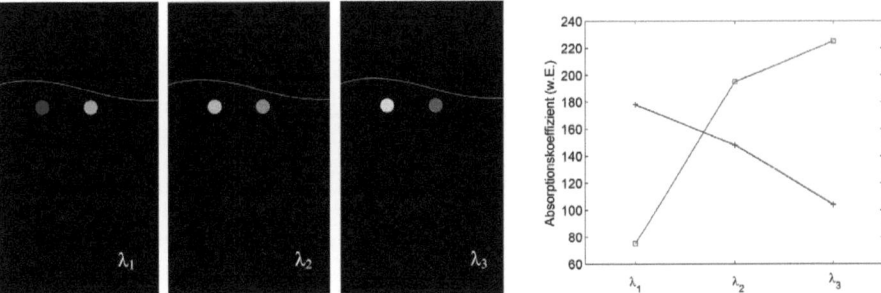

Abbildung 5.13: links: idealisierte Querschnitte durch Gewebe mit 2 subkutanen Gefäßen, welche unterschiedliche Absorptionskoeffizienten bei den Wellenlängen λ_1, λ_2 und λ_3 aufweisen (konstante Absorption der Hautschicht). rechts: Vergleich der Absorptionskoeffizienten beider Gefäße bei unterschiedlichen Wellenlängen

Eine Abhängigkeit der Absorption von der Wellenlänge wird in Abbildung 5.13 dargestellt. Der Grauwert des Bildes kodiert hier den Absorptionskoeffizienten μ_a. Aus diesen idealisierten Querschnittsbildern wurden die resultierenden optoakustischen Signale mit dem in Abschnitt 4.4 vorgestellten Verfahren simuliert und mit den in diesem Kapitel eingeführten Beamforming-Algorithmen zu Bildern rekonstruiert (siehe Abbildung 5.15). Aus dem Vergleich der 3 Datensätze kann die Zugehörigkeit einzelner Pixel zu einer der beiden Strukturen errechnet werden. Die Bilder werden dabei pixelweise verglichen, wobei der erste Datensatz als Referenz genommen wird. Die Pixelwerte $B_2(x,z)$ und $B_3(x,z)$ in den Bildern 2 und 3 werden dann mit den bei Zugehörigkeit zu einer definierten Struktur S_1 zu erwartenden Werten ($\tilde{B}_2(x,z)$ und $\tilde{B}_3(x,z)$) verglichen, welche sich aus dem Referenzwert von Bild 1 und dem Verlauf der Absorptionseigenschaften zu $\tilde{B}_2(x,z) = B_1(x,z) \cdot \frac{\mu_{a_{s1}}(\lambda_2)}{\mu_{a_{s1}}(\lambda_1)}$ und $\tilde{B}_3(x,z) = B_1(x,z) \cdot \frac{\mu_{a_{s1}}(\lambda_3)}{\mu_{a_{s1}}(\lambda_1)}$ ergeben.

Daraus kann eine binäre Zugehörigkeitsverteilung s_1 errechnet werden. Der Parameter σ in Gleichung 5.14 stellt ein Maß für die tolerierte Abweichung von dem Sollwert dar.

$$s_1(x,z) = \begin{cases} 1 & \text{für } \tilde{B}_2(x,z) \cdot (1-\sigma) < B_2(x,z) < \tilde{B}_2(x,z) \cdot (1+\sigma) \\ 0 & \text{sonst} \end{cases} \quad (5.14)$$

Zur Veranschaulichung wird das Kriterium in Gleichung 5.14 nur für den Vergleich von 2 Datensätzen beschrieben. Um ein Pixel bei Vorhandensein mehrerer Datensätze einer Struktur zuordnen zu können, müssen jedoch auch die Werte $B_n(x,z)$ aus weiteren Bildern mit den Sollwerten $\tilde{B}_n(x,z)$ verglichen werden. Bei kleinen Pixelwerten im Bereich des Rauschpegels kann dieses Vergleichskriterium zu fehlerhaften Interpretationen führen, da Bildpunkte aufgrund rauschbedingter statistischer Schwankungen fälschlicherweise einer Struktur zugeordnet werden können. Zu diesem Zweck kann ein weiterer Parameter eingeführt werden, welcher jedem Pixel eine Wahrscheinlichkeit κ zuordnet, welche beschreibt, ob er einem Signal und nicht reinem Rauschen entspricht. Dies geschieht durch den Vergleich des Bildmedians mit dem einzelnen Pixelwert, wobei der Koeffizient durch

$$\kappa(x,z) = \arctan\left(B(x,z) - med(B)\right)/\pi + 1/2 \quad (5.15)$$

bestimmt wird. Der Verlauf eines solchen Koeffizienten wurde exemplarisch für die Pixelwerte des ersten Bildes (obere Reihe, linkes Bild) in Abbildung 5.15 berechnet. Dadurch wird ersichtlich, wie kleine Pixelwerte, welche auf Rauschen zurückzuführen sind, stark unterdrückt werden, während Werte, welche größer als der Median sind, konstant bleiben. Der Vorteil gegenüber anderen Verfahren zur Schwellwertbildung liegt darin, dass sich der Algorithmus eigenständig dem Rauschpegel des vorhandenen Datensatzes anpasst.

Bei mehreren optischen Inhomogenitäten in einer untersuchten Probe kann für jede unter ihnen mit denen in den Gleichungen 5.14 und 5.15 vorgestellten Formalismen eine Zuge-

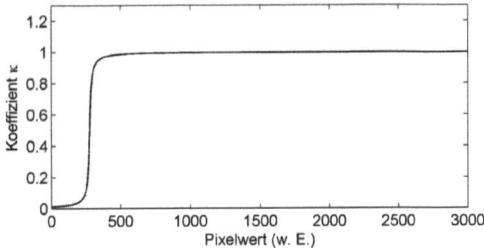

Abbildung 5.14: Verlauf des Koeffizienten κ, welcher einzelnen Pixel eine Wahrscheinlichkeit dafür zuordnet, ob sie Rauschen oder ein tatsächliches Signal darstellen

hörigkeitsverteilung berechnet werden. Zur Darstellung in multispektralen optoakustischen Bildern können den verschiedenen Verteilungen unterschiedliche Farben zugeteilt werden, so dass Strukturen mit voneinander abweichendem spektralen Absorptionsverlauf in einer einzigen Abbildung unterscheidbar werden. Der hier vorgestellte Algorithmus wurde auf die simulierten optoakustischen Daten, welche aus den Querschnittsbildern in Abbildung 5.13 gewonnen wurden, angewendet. Das errechnete multispektrale Bild wird in Abbildung 5.15 dargestellt. Die Farbkanäle Blau und Rot entsprechen den Farben in denen die Absorptionsverläufe der beiden Strukturen in Abbildung 5.13 (rechts) dargestellt werden.

Die in diesem Kapitel vorgestellten Algorithmen erlauben es, das SRV und die Auflösung optoakustischer Bilder ohne jeden messtechnischen Mehraufwand massiv zu verbessern. Die einzelnen Filter weisen individuelle Vorteile auf und sind daher weniger als Alternativen sondern eher als Ergänzungen zueinander gedacht. Während manche Verfahren zur Unterdrückung von Rekonstruktionsartefakten genutzt werden können (Symmetrie-Filter, Dynamische Apodisierung), sind andere zur Verbesserung des SRV (Kohärenz-, Korrelation- und Median-Filter) oder der Auflösung (Änderung der Liniendichte, Kohärenz-Filter) einzusetzen. Insbesondere die Verfahren zur Verbesserung des SRV sind im Hinblick auf die Detektion von Kontrastmitteln von besonderer Relevanz. Wenn eine Kontrasterhöhung um ca. 47 dB durch den Einsatz von Median- und Kohärenzfilter (Abbildung 5.6) erreicht werden kann, bedeutet dies im Umkehrschluss, dass bei der Verwendung solcher Filter zumindest theoretisch knapp 240-fach geringere Nanopartikelkonzentrationen detektierbar sind als ohne sie.

Möglichkeiten ganz anderer Art bietet die multispektrale Bildgebung. Wie im letzten Abschnitt dieses Kapitels an synthetischen Daten aufgezeigt wurde, können Bildregionen Strukturen mit definierten optischen Eigenschaften zugeordnet werden, indem optoakustische Bilder, welche bei unterschiedlichen Wellenlängen aufgenommen wurden, mit angepassten Vergleichsalgorithmen bearbeitet werden. Auch hier liegen Anwendungen vor allem im Feld der Molekularen Bildgebung. Bei *in-vivo*-Messungen lässt sich oft nur schwer festlegen, ob hohe Signalamplituden tatsächlich durch die lokale Ansammlung von Kontrastmitteln oder durch eine hohe intrinsische Konzentration an gewebeeigenen Chromophoren bedingt sind. Um Fehlinterpretationen auszuschließen, sind daher oft Doppelmessungen vor und nach der

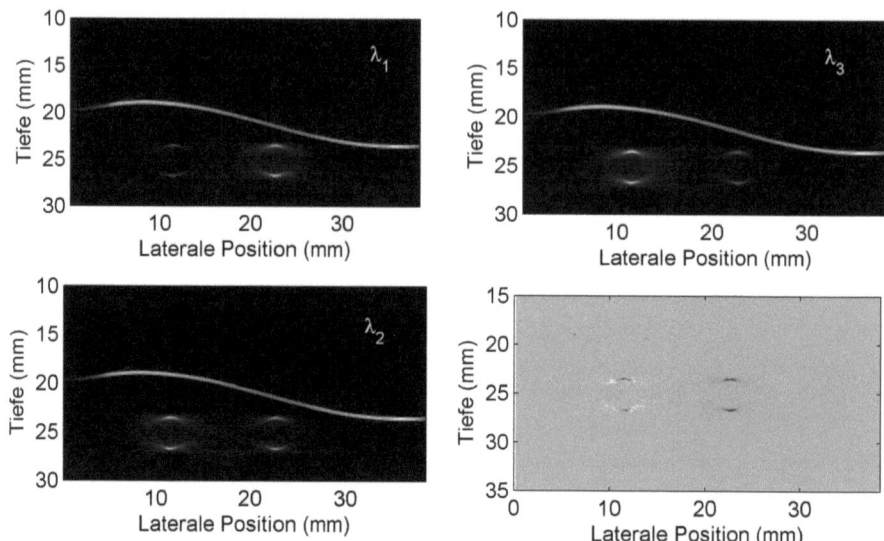

Abbildung 5.15: Simulierte optoakustische Bilder, welche bei 3 Wellenlängen aufgenommen wurden (gemäß den idealisierten Querschnitten aus Abb. 5.13) und resultierendes multispektrales Bild

Injektion der Kontrastmittel erforderlich. Dies kann durch die multispektrale Bildgebung vereinfacht werden, da eine Messung bei verschiedenen Wellenlängen eine klare Zuordnung von Signalen zu Strukturen bekannter optischer Eigenschaften ermöglicht.

Die in diesem Kapitel vorgestellten Algorithmen haben sich in ersten Versuchen an synthetischen Daten (und zum Teil auch an ersten experimentellen Daten) als sehr mächtige Werkzeuge zur Verbesserung der Sensitivität eines optoakustischen Bildgebungssystems erwiesen. Im folgenden dritten Teil der Arbeit sollen diese Algorithmen an weiteren experimentellen Daten validiert werden. Dazu gehören Szenarien, welche näher an einem (prä-)klinischen Einsatz der Technik liegen wie z.B. Kleintiermessungen oder der *in-vivo* Einsatz zur Darstellung von subkutanen Blutgefäßen am Menschen. Die heterogenen optischen und akustischen Eigenschaften von biologischem Gewebe stellen dabei weit höhere Anforderungen an die Stabilität der Algorithmen. Neue Algorithmen, wie solche zur Multispektralen Optoakustischen Bildgebung, müssen darüber hinaus ihre Praxistauglichkeit erst beweisen, da sie bisher nur an synthetischen Phantomdaten getestet wurden.

Bevor verschiedene Messungen und experimentelle Ergebnisse, welche an Phantomen sowie *ex-vivo* und *in-vivo* aufgenommen wurden, in den Kapiteln 8-10 vorgestellt werden, befasst sich der folgende Abschnitt jedoch mit den Bildgebungssystemen die zur Aufnahme solcher Daten eingesetzt werden können.

Teil III

Experimentelle Arbeit

Kapitel 6

Bildgebungssysteme

Im Rahmen der optoakustischen Bildgebung stehen verschiedene Möglichkeiten zur Erzeugung und Aufnahme von laserinduzierten Ultraschallsignalen zur Verfügung. Die Unterschiede beziehen sich sowohl auf die Art der verwendeten Empfangselektronik und des Lasers als auch auf den prinzipiellen Aufbau der Messapparatur. Allgemein kann zwischen Transmissions- und Reflexionsmessungen unterschieden werden. Bei Transmissionsmessungen befinden sich die Lichtquelle und der für den Signalempfang verwendete Ultraschallwandler auf unterschiedlichen Seiten des Untersuchungsobjekts. Dieser Aufbau eignet sich vor allem für mikroskopische Untersuchungen bei denen nur geringe Schichtdicken an zu untersuchendem Material durchdrungen werden müssen (z.B. wenige Zellschichten, Einzelzellen). Im Rahmen der vorliegenden Arbeit wurden Systeme für präklinische oder klinische Anwendungen konzipiert, bei denen Gewebe, welches sich wenige Millimeter bis Zentimeter unter der Hautoberfläche befindet, in einem Reflexionsmodus untersucht werden soll. Alle verwendeten Systeme basieren auf den folgenden Komponenten:

- nanosekundengepulster leistungsstarker Laser
- geeignete Strahlführung zum gezielten Lichteintrag
- (mehrelementiger) Ultraschallwandler
- (Mehrkanal)-Ultraschallsystem zur Datenaufnahme
- Rechner zur Steuerung und Datenverarbeitung (Bildrekonstruktion)

Diese einzelnen Systembestandteile und die Anforderungen, welche durch die gewünschten Abbildungseigenschaften (Auflösung, Sensitivität) an die Komponenten gestellt sind, werden in den folgenden Abschnitten behandelt.

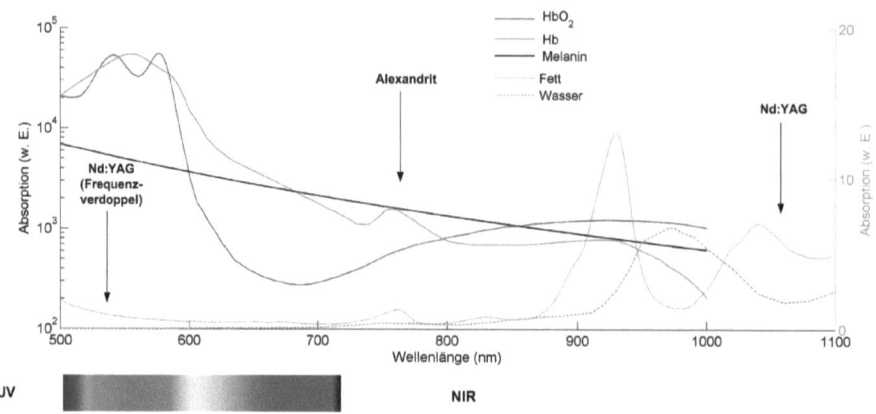

Abbildung 6.1: Absorptionsverhalten der wichtigsten Gewebechromophoren. Absorptionsdaten aus [72], [73] und [74]

6.1 Laserquellen

An die Laserquelle werden im Rahmen der optoakustischen Bildgebung relativ geringe Anforderungen gestellt, da für diese Art der Bildgebung die klassischen Lasereigenschaften wie hohe Kohärenz und Monochromasie nicht von Bedeutung sind. Dagegen sind Parameter wie Wellenlänge, Pulsdauer, Pulsenergie und Pulswiederholrate entscheidend und werden hauptsächlich durch die Art der verwendeten Empfangselektronik und die optischen Eigenschaften der abzubildenden Strukturen bestimmt. Einen besonderen Einfluss hat die Wellenlänge des verwendeten Lichts, da diese die Abbildungstiefe und zumindest teilweise auch den Kontrast definiert. Während Licht im Wellenlängenbereich unter 500 nm schon in den obersten Hautschichten vollständig absorbiert wird, eignet sich Strahlung aus dem Bereich des „optischen Fensters" zwischen 600 und 1100 nm für die optoakustische Untersuchung von Strukturen in größeren Tiefen, da die Gewebeabsorption in diesem Bereich ein Minimum aufweist. Dieses Minimum geht auf die schwache Absorption der stärksten Gewebechromophoren (Hämoglobin, Wasser, Melanin) in diesem Spektralbereich zurück.

In Bezug auf die Pulsdauer sind die schon genannten Randbedingungen des „thermal" und des „stress confinement" zu beachten (siehe Abschnitt 3.2.2). Das Einhalten dieser Bedingungen garantiert einen effizienten optoakustischen Signalaufbau, da sichergestellt wird, dass die Energieumwandlung von Licht in Wärme und schließlich Druck schneller stattfindet als akustische und thermische dissipative Effekte. Im Rahmen der vorliegenden Arbeit wurden 3 verschiedene Laserquellen zur Erzeugung optoakustischer Signale genutzt. Neben einem klassischen Nd:YAG bei der Grundwellenlänge von 1064 nm und bei 532 nm nach Frequenzverdopplung wurden ein optisch parametrischer Oszillator (OPO), welcher von einem frequenzverdoppelten Nd:YAG gepumpt wird, sowie Laserdioden mit Emission bei 905 nm genutzt. Die einzelnen Laserquellen werden im Folgenden vorgestellt.

6.1.1 Nd:YAG

Diese Festkörperlaser haben sich aufgrund ihrer vielfältigen Einsetzbarkeit zu einem Standardwerkzeug in vielen industriellen und medizinischen Anwendungsbereichen entwickelt. Neben dem relativ geringen Preis zeichnen sich diese Laser durch eine einfache Handhabung und ihre Robustheit aus und sind somit prädestiniert für einen potenziellen künftigen Einsatz der optoakustischen Bildgebung im klinischen medizinisch-diagnostischen Alltag.

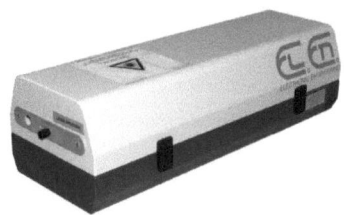

Abbildung 6.2: verwendeter Nd:YAG Laser (H7000, Quanta System)

In der vorliegenden Arbeit wurden zwei verschiedene blitzlampengepumpte Nd:YAG Laser eingesetzt. Bei dem H7000 (Quanta Systems, El.En. Group, Florenz) handelt es sich um einen leistungsstarken Festkörperlaser, welcher Pulse mit einer Energie von bis zu 200 mJ bei einer Wiederholrate von maximal 20 Hz erzeugen kann. Dieser Laser wurde bei der Grundwellenlänge von 1064 nm für die optoakustische Bildgebung genutzt, während ein weiterer Nd:YAG (Surelite III, Continuum/Excel, Santa Clara, USA) zusammen mit einem Frequenzverdopplerkristall betrieben wurde. Das dadurch erzeugte Licht der Wellenlänge von 532 nm wurde sowohl direkt für die Erzeugung von optoakustischen Signalen genutzt als auch zum Pumpen eines durchstimmbaren OPO.

Bei dem laseraktiven Material des Nd:YAG Lasers handelt es sich um Neodym^{3+}-Ionen, die in ein transparentes Wirtsgitter (YAG = Yttrium Aluminium Granat) eingebettet sind. Durch das optische Pumpen mit der Blitzlampe werden die Nd^{3+} Ionen aus dem Grundzustand 1 in ein höheres Energieniveau (Pumpniveau 2) gehoben. Aus diesem relaxieren sie nach sehr kurzer Zeit durch den strahlungslosen Übergang 2 → 3 in ein metastabiles Zwischenniveau der Lebensdauer von 230 μs. Nun folgt der Übergang 3 → 4 in ein weiteres Zwischenniveau mit extrem kurzer Lebensdauer (ca. 10^{-9} s), bei dem es sich um den eigentlichen technisch relevanten Laserübergang (1064 nm) handelt. Aus letzterem relaxieren die Ionen in den Grundzustand und der Pumpprozess kann von neuem beginnen. Aufgrund der langen Lebensdauer des metastabilen Niveaus 3 und des schnellen Übergangs 4 → 1 ist die Besetzungsinversion bei solch einem 4-Niveau System sehr leicht zu erreichen.

Um extrem kurze Laserpulse zu generieren, wie sie für die Entstehung optoakustischer

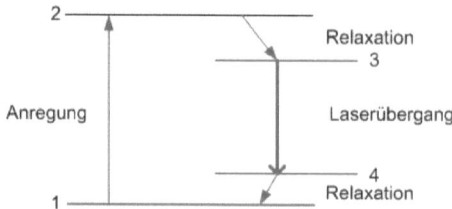

Abbildung 6.3: Niveauübergänge bei Nd:YAG Lasern

Transienten notwendig sind, wird der Laser mit einem sogenannten Q-switch gütegeschaltet. Hinter dem Prinzip des Q-switch steckt der Gedanke, den Laser durch den Resonator erst dann anschwingen zu lassen, wenn die maximal mögliche Besetzungsinversion erreicht ist. Dies wird durch das Anbringen einer Schaltvorrichtung erreicht, welche die Rückkopplung der Strahlung an einem der beiden Spiegel des Resonators unterbricht, solange die Besetzungsinversion noch nicht ihr Maximum erreicht hat. Der Name der Q-switch Güteschaltung stammt von der englischen Bezeichnung „Q-factor" für die Güte des Resonators, welcher den Quotienten aus der im Resonator gespeicherten Energie und der Verluste bezeichnet. Solange das Maximum der Besetzungsinversion noch nicht erreicht ist, nimmt Q einen geringen Wert an. Sobald jedoch das Maximum erreicht wird, schaltet der Q-switch um und ermöglicht die Rückkopplung der Lichtwellen am Spiegel und somit die Verstärkung durch stimulierte Emission im aktiven Medium. Auf technischer Seite wird dies durch einen akusto-optischen Modulator bewerkstelligt, der im Strahlengang zwischen den beiden Resonatoren angebracht ist. Bei diesem handelt es sich um eine Pockelszelle, deren Polarisation ein Beugungsgitter erzeugt und das Licht ablenkt, wodurch Reflexionen zwischen den Resonatoren verhindert werden. Wird die Pockelszelle aktiviert, indem eine Spannung angelegt wird, so ändert sich die Polarisation in eine solche, die es erlaubt, dass das Licht die reflektierenden Spiegel erreicht.

Abbildung 6.4: Surelite OPO Plus   Abbildung 6.5: Funktionsweise eines OPO

6.1.2 OPO - Optisch Parametrischer Oszillator

Bei einem OPO handelt es sich um eine dem Laser ähnliche Strahlungsquelle, bei der Licht durch parametrische Verstärkung in einem nichtlinearen Kristall erzeugt wird. Im OPO wird in

Analogie zu konventionellen Lasersystemen ein optischer Resonator verwendet, jedoch basiert die Strahlungsemission vollständig auf parametrischer Verstärkung und nicht auf stimulierter Emission. Der Hauptvorteil eines solchen Systems liegt in der Möglichkeit der Erzeugung von Strahlung nahezu beliebiger Wellenlänge, so dass auch spektrale Bereiche zugänglich werden, für die keine konventionellen Laserquellen zur Verfügung stehen. Auf Grund der hohen Anforderungen an die Kohärenz und an die Strahlungsdichte der Pump-Strahlung wird zum Pumpen eines OPOs immer ein Laser benutzt. Durch das Pumpen des Kristalls mit einer Energie, welche einen definierten Schwellwert übersteigt, wird die Pumpstrahlung der Frequenz ω_p in dem OPO in zwei Anteile („Signal" und „Idler") niedrigerer Frequenz konvertiert (siehe Abbildung 6.5). Die Umwandlung der Strahlung gehorcht dabei der Regel

$$\omega_p = \omega_s + \omega_i \tag{6.1}$$

Die Verwendung eines OPO als Strahlungsquelle für die optoakustische Bildgebung weist den Vorteil auf, dass verschiedenen Gewebechromophore beprobt werden können. Darüber hinaus können mit einem solchen System sämtliche Partikeltypen, welche eine hohe Absorption im sichtbaren Bereich oder im nahen Infrarot aufweisen, als Kontrastmittel genutzt werden, da die Wellenlänge der Strahlungsquelle an deren Absorptionseigenschaften angepasst werden kann. Im Kontext der vorliegenden Arbeit wurde ein Surelite OPO (Continuum/Excel, Santa Clara, USA) in das optoakustische Bildgebungssystem integriert, welcher es erlaubt, die Signal-Wellenlänge in einem Bereich von 680 bis ca. 1000 nm einzustellen. Der OPO wurde dazu mit dem schon in vorigen Abschnitt erwähnten frequenzverdoppelten Nd:YAG Laser (Surelite III) gepumpt, wobei in Abhängigkeit der Pumpenergie und der gewählten Wellenlänge Pulse mit bis zu 100 mJ generiert wurden.

6.1.3 Laser-Dioden

Laserdioden sind Halbleiterbauteile, bei denen mit hohen Stromdichten betriebene stark dotierte p-n-Übergänge Licht im optischen oder infraroten Spektralbereich durch Rekombination von Löchern und Elektronen emittieren. Die Wellenlänge des Lichtes hängt dabei von der Wahl des Halbleitermaterials ab. Die hier verwendeten gepulsten Hochenergiedioden (905D3J08-Serie, Laser Components) emittieren Licht im nahen Infrarot bei 905 nm und erlauben Spitzenleistungen von bis zu 210 W bei Pulsdauern im Bereich von 1 bis 200 ns je nach verwendetem Diodentreiber.

Die extrem hohe Leistung solcher Dioden wird durch die Bauform als Micro-Array erreicht, bei der eine Vielzahl von Einzeldioden miteinander kombiniert werden. Ein Nachteil solcher Systeme für die Verwendung zur optoakustischen Bildgebung liegt in der immer noch relativ geringen Pulsenergie (210 W, 100 ns, 21 μJ). Mit einem schnellen Treiber kann der Nachteil der niedrigen Pulsenergie zumindest in manchen Anwendungen wieder nivelliert werden, da

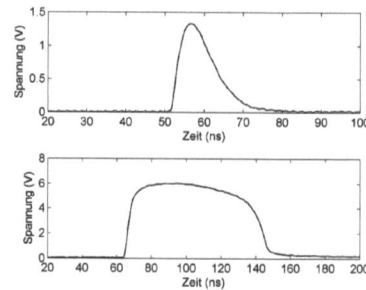

Abbildung 6.6: Diode mit Treibermodul   Abbildung 6.7: Zeitverlauf der Laserintensität bei Verwendung verschiedener Diodenmodule

Pulswiederholraten in der Größenordnung einiger kHz eine vielfache Mittelung der Signale ohne Zeitverlust erlauben.

6.2 Ultraschallwandler

Die durch Absorptionsprozesse im Gewebe erzeugten Ultraschallwellen können auf der Oberfläche von geeigneten elektromechanischen Wandlern aufgenommen werden. Dazu werden in den meisten Fällen Wandler aus den piezoaktiven Materialien PVDF (Polyvinylidenfluorid) oder PZT (Blei-Zirkonat-Titanat) verwendet. Die Abbildungseigenschaften des Systems hängen in hohem Maße von der Wahl des Ultraschallwandlers und insbesondere von dessen Geometrie und den daraus resultierenden Schallfeldeigenschaften ab. Die in der vorliegenden Arbeit verwendeten fokussierenden Einzelelementwandler und Wandlerarrays werden in den nächsten Abschnitten vorgestellt.

6.2.1 Einzelelementwandler

Während die Fokussierung bei Wandlerarrays in den in dieser Arbeit genutzten Betriebsmodi rechnerisch in den aufgenommenen Daten durchgeführt wird, sind die Fokussierungseigenschaften bei Einzelelementwandlern einzig durch deren Geometrie und Frequenz definiert. Prinzipiell muss zwischen fokussierten und unfokussierten Einzelelementwandlern unterschieden werden, wobei nur fokussierte Wandler im Kontext der Ultraschallbildgebung von Relevanz sind. Da mit solchen Wandlern pro Messung nur eine Bild-Linie (A-scan) aufgenommen werden kann, ist die Verwendung solcher Systeme zur Bildgebung mit längeren Aufnahmedauern verbunden. Darüber hinaus können zwei- oder drei-dimensionale Datensätze nur aufgenommen werden, sofern eine mechanische Verfahreinheit zum Abrastern der Probe zur Verfügung steht.

Der für die Bildgebung wichtigste Parameter der Auflösung ergibt sich aus dem Schallfeld eines Ultraschallwandlers und wird meist als -6 dB Breite des Fokusschlauchs angegeben. Bei den hier verwendeten Wandlern im Frequenzbereich zwischen 10 und 30 MHz liegt die laterale Auflösung im Bereich zwischen 50 und ca. 200 μm.

6.2.2 Ultraschallarrays

Wandlerarrays bestehen aus einer Vielzahl von untereinander unabhängigen Einzelelementen und weisen dadurch im Vergleich zu Einzelelementwandlern enorme Vorteile insbesondere in Bezug auf die Aufnahmedauer der optoakustischen Bildgebung auf. Während für ein Einzelelementwandler mechanisch entlang einer Linie gescannt werden muss um einen Bild aufnehmen zu können, geschieht dies bei der Verwendung eines Arrays in einem einzigen Messschritt, bei dem Daten von allen Elementen aufgenommen werden und softwaretechnisch zu einem Bild verarbeitet werden. Genau wie bei Einzelelementwandlern wird die erreichbare Bildqualität unter anderem durch die Frequenz der Elemente bestimmt. Weitere Einflüsse auf die Bildqualität gehen darüber hinaus von dem Pitch sowie in besonderem Maße von der Art des Rekonstruktionsalgorithmus aus. Der Einfluss der Frequenz ist im Fall der optoakustischen Bildgebung jedoch weniger gravierend als bei reinem Ultraschall, da die Frequenzen der Signale ohnehin in sehr starkem Maße von der untersuchten Probe abhängen (vgl. Abschnitt 4.2).

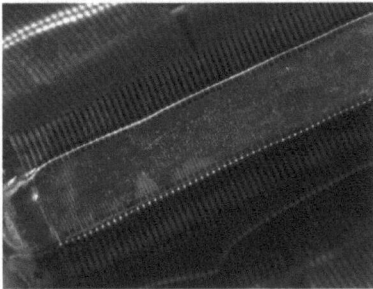

Abbildung 6.8: 20 MHz PZT Wandler im Gehäuse mit Lichtleiterfasern sowie Detailansicht der einzelnen Element mit 150 μm Pitch

Bei den in den nächsten Kapiteln vorgestellten Ergebnissen wurden verschiedene 128-elementige kommerzielle Wandler (Vermon S.A., Frankreich) der Frequenzen 5 und 7,5 MHz und 300 μm Pitch sowie eigens am IBMT für die hochauflösende Kleintierbildgebung entwickelte Arrays (128 Elemente, 20 MHz PZT) verwendet. Im Gegensatz zu Einzelelementmessungen, bei denen Licht fokussiert appliziert wird, muss bei der Signalaufnahme mit Wandlerarrays ein weiter Bereich, welcher den Ausmaßen der Wandlerapertur entspricht, beleuchtet werden. Um dies zu gewährleisten, wurde eine spezielle Lichtleiterfaser verwendet, welche das Licht linienförmig appliziert, so dass die beleuchtete Fläche, in der optoakustische Signale entstehen, weitestgehend mit dem Bereich übereinstimmen, in dem das Array eine hohe Sensitivität aufweist. Bei der Wahl der Geometrie des Lichtleiters wurde auf die Ergebnisse der in Abschnitt 4.3.1 vorgestellten Simulationsergebnisse zurückgegriffen.

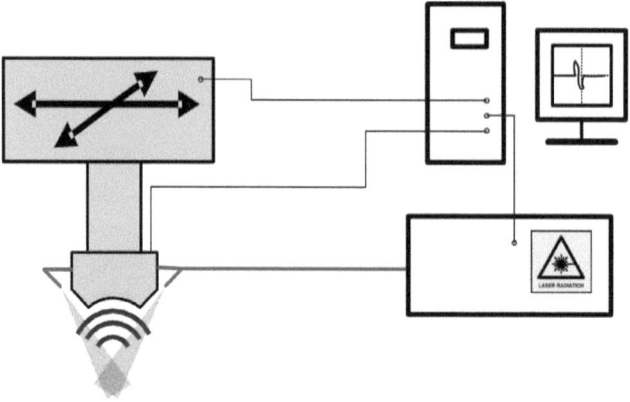

Abbildung 6.9: Einkanalsystem für die optoakustische Bildgebung

6.3 Elektronik

Ultraschallwandler erlauben die Konversion einer mechanischen Welle in eine Spannung. Um diese Informationen nutzen zu können, müssen die Signale aufgenommen werden, so dass sie dem Nutzer für eine weitere Verarbeitung zur Verfügung stehen. Die besonders relevanten Eigenschaften eines solchen Systems sind die Abtastrate, die Digitalisierungstiefe sowie die Signalverstärkung. Darüber hinaus muss die Empfangselektronik an die verwendeten Ultraschallwandler angepasst sein, was insbesondere im Fall von Arrays, bei denen Signale einer Vielzahl von Wandlerelementen simultan aufgenommen werden müssen, eine Herausforderung an die Technik darstellt. Die verschiedenen Möglichkeiten zur Signalaufnahme und die damit verbundenen Messmodi werden in den nächsten Abschnitten vorgestellt.

6.3.1 Einkanalmessungen

Der große Vorteil von Einkanalmessungen liegt in der relativen Einfachheit des technischen Aufbaus. Neben einem Laser zur Signalerzeugung besteht ein solches System aus einem Einzelelementwandler, einer mechanischen Verfahreinheit zur Abrasterung der Probe sowie aus einem PC mit Digitalisierungskarte zur Aufnahme der Signale und zur Steuerung und Synchronisierung der Verfahreinheit. Darüber hinaus weisen Einzelelementwandler eine häufig höhere Auflösung sowie eine durch die physikalisch größere Apertur gegebene höhere Sensitivität auf als Wandlerarrays.

Als Nachteile sind die fehlende Möglichkeit von Echtzeitmessungen zu nennen sowie der deutlich höhere Energieeintrag durch Laserstrahlung, welcher durch die Tatsache gegeben ist, dass bei einer solchen Messung ein Laserpuls pro A-scan notwendig ist, während bei Mehrkanalmessungen lediglich ein Puls pro Querschnittsbild erforderlich ist. Die Verwendung eines fokussierenden Wandlers impliziert, dass die Empfindlichkeit der Apparatur auf einen kleinen Raumausschnitt begrenzt ist. Daher kann es sich als sinnvoll erweisen, die optische Anregung durch einen Laserpuls soweit möglich durch eine fokussierende Optik auch auf diesen Abschnitt zu begrenzen.

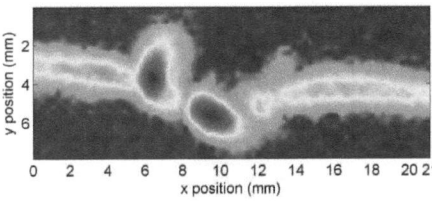 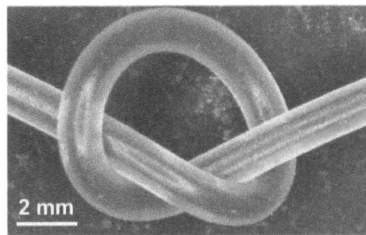

Abbildung 6.10: Optoakustischen Bild eines mit Farbstofflösung gefüllten Silikonschlauchs sowie optisches Vergleichsbild. Diode mit 5,5 µJ Pulsenergie zur Signalerzeugung

Die relativ kleine Fläche, welche bei einem solchen Aufbau beleuchtet wird, erlaubt es daher mit wesentlich geringeren Energien zu arbeiten, als dies bei der Verwendung eines Wandlerarrays und der damit verbundenen Weitfeldbeleuchtung der Fall sein kann. Somit stellt ein solcher Aufbau auch eine Möglichkeit dar, vergleichsweise energiearme Laserdioden zur optoakustischen Bildgebung zu nutzen. Die Durchführbarkeit einer solche Messung wird in Abbildung 6.10 an einem einfachen Beispiel gezeigt, in dem eine gefärbte Lösung in einem Silikonschlauch mit einem optoakustischen System, welches eine Laserdiode als Beleuchtungsquelle nutzt, dargestellt wurde. Dabei wurde eine Pulsenergie von lediglich 5,5 µJ verwendet und die generierten Signale wurden mit einem 10 MHz Wandler aufgenommen.

6.3.2 Mehrkanalmessungen

Systeme, welche auf einer Mehrkanalelektronik aufbauen, sind im Gegensatz zu mechanisch scannenden Einkanalsystemen für die echtzeitfähige Bildgebung geeignet. Jedoch werden in diesem Fall höhere Anforderungen sowohl an die Technik als auch an die Art der Datenverarbeitung gestellt, da große Datenmengen mit Wiederholraten im Bereich von bis zu 20 Hz akquiriert und verarbeitet werden müssen. In der vorliegenden Arbeit wurde dies gelöst, indem die am IBMT entwickelte Mehrkanalelektronik DiPhAS (Digital Phased Array System, Fraunhofer IBMT) entsprechend den speziellen Bedürfnissen, welche mit der Aufnahme und Verarbeitung von optoakustischen Signalen einhergehen, angepasst wurde.

Das DiPhAS erlaubt es, Signale von bis zu 128 Wandlerelementen simultan zu verstärken und mit einer Datentiefe von 12 bit zu digitalisieren. Mit einer Abtastrate von 80 MHz können selbst Daten von hochfrequenten 20 MHz Ultraschallwandler noch mit 4-facher Überabtastung aufgenommen werden. Die Speicherbausteine wurden so gewählt, dass 4094 Datenpunkte pro Kanal aufgenommen werden können, was bei einer 80 MHz Abtastung einer Eindringtiefe

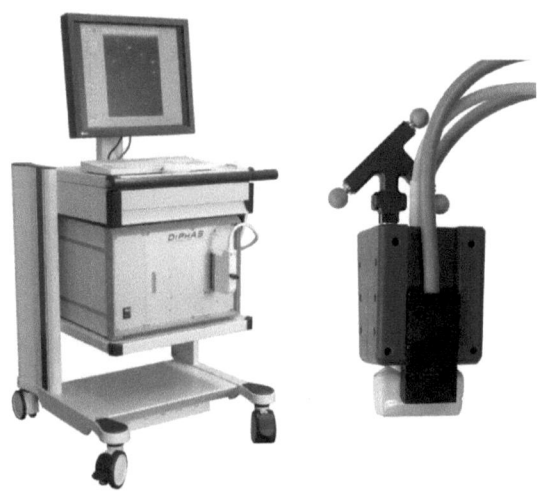

Abbildung 6.11: DiPhAS mit integriertem PC. Kombinierter Wandler mit optischen Trackern zur 3-dimensionalen Bildgebung

von knapp 8 cm für optoakustische bzw. von 4 cm für Ultraschalldaten (aufgrund der doppelten Laufzeit) entspricht. Nach einer tiefenabhängigen Verstärkung (TGC - Time Gain Compensation) zur Kompensation der akustischen Dämpfung werden die Daten nach dem Digitalisierungsschritt über eine USB-Schnittstelle an einen in das DiPhAS integrierten PC zur weiteren Verarbeitung übertragen. Eine Möglichkeit zur Synchronisation des Beginns der Datenaufnahme mit dem Aussenden eines Laserpulses wurde ebenfalls geschaffen. Dazu werden in der Hardwareplattform DiPhAS zwei verschiedene Triggersignale generiert, welche im Laser für das Auslösen der Blitzlampe und für das Öffnen des Q-Switch genutzt werden. Über den zeitlichen Abstand zwischen den beiden Signalen kann darüber hinaus die Pulsenergie gesteuert werden. Durch die zusätzliche Verwendung eines optischen Trackingsystems (Polaris Spectra, Northern Digital) können die aufgenommenen optoakustischen Signale mit 3-dimensionalen Positionsdaten versehen werden. Dazu werden an dem zur Signalaufnahme benutztem Wandler optische Reflektoren befestigt, anhand derer die Positionsdaten mit Hilfe einer Infrarot-Stereokamera berechnet werden können. Weitere Angaben zur Verwendung von optischen Trackingsystemen für Optoakustik und Ultraschall sind unter [75] zu finden. Um den unterschiedlichen Anforderungen, welche durch die Nutzung einer Geräteplattform im Rahmen von Forschungsvorhaben entstehen, gerecht zu werden, wurden verschiedene DiPhAS-Betriebsmodi implementiert. Für Fälle, in denen vor allem eine schnelle Aufnahme der Daten notwendig ist, wurde ein „Raw"-Modus eingerichtet, in welchem unrekonstruierten Kanaldaten sowohl im Ultraschall- als auch im Optoakustikbetrieb dargestellt und abgespeichert werden können. Da hierbei der zeitaufwendige Prozess der Software-Rekonstruktion entfällt, handelt es sich um den schnellsten Betriebsmodus. Alternativ kann das DiPhAS im Optoakustik oder Ultraschall Live-Modus betrieben werden, wobei sich der Ultraschallmodus jedoch von dem klassischer Ultraschallplattformen unterscheidet, da hier aus einem einzigen unfokussierten Sendepuls ein Bild nach dem Empfang der Signale aller Kanäle durch ein reines Software-Beamforming berechnet wird. Schließlich bietet das Gerät einen „Dual"-Modus, bei dem abwechselnd Ultraschall- und Optoakustik-Datensätze generiert und zusammen dargestellt werden.

Bevor die hier beschriebenen Systeme zur optoakustischen Bildgebung von biologisch relevanten Strukturen oder zur Detektion von Kontrastmitteln eingesetzt werden, müssen ihre Abbildungseigenschaften zunächst näher untersucht werden. Aus diesem Grund befasst sich Kapitel 8 mit der Bestimmung der wichtigsten technischen Parameter (Transferfunktionen der Wandler, Auflösung) der Bildgebungssysteme. Davor werden im folgenden Kapitel jedoch zunächst verschiedene für die Optoakustik einsetzbare Nanopartikeltypen vorgestellt. Der besondere Fokus liegt hierbei auf der Untersuchung von verschiedenen Synthesen zur Beeinflussung der Lage des Absorptionsmaximums sowie von Möglichkeiten zur chemischen Modifizierung von Partikeln mit biologischen Liganden zur molekularen Bildgebung.

Kapitel 7

Nanopartikel für die Molekulare Bildgebung

In den letzten Abschnitten wurden Wege aufgezeigt, wie das SRV und die allgemeine Bildqualität in optoakustischen Datensätzen durch die Verwendung einer angepassten Hardwareplattform sowie durch fortschrittliche Rekonstruktionsalgorithmen optimiert werden können. Dabei wurde gezeigt, dass Detektionsschwellen für Kontrastmittelkonzentrationen bei der Verwendung von optimierten Rekonstruktionsalgorithmen signifikant abgesenkt werden können. Die Betrachtungen waren jedoch unabhängig von der Art der Kontrastmittel, da sie sich lediglich auf Signalamplituden bezogen. In diesem Kapitel werden verschiedene Kontrastmittel, welche zur Erhöhung der lokalen Absorption und somit zur Verstärkung optoakustischer Signale eingesetzt werden können, vorgestellt. Neben den Vorteilen in Bezug auf die allgemeine Erhöhung der Signalamplitude bieten Kontrastmittel auch die Möglichkeit zur Steigerung der Selektivität der Bildgebung, sofern deren Oberfläche biochemisch so modifiziert wurde, dass sie definierte Bindungseigenschaften aufweisen. Als optoakustische Kontrastmittel kommen prinzipiell alle Partikel- oder Molekültypen in Frage, welche hohe Absorptionsquerschnitte in dem relevanten Wellenlängenbereich aufweisen.

In diesem Kapitel sollen daher verschiedene für die molekulare optoakustische Bildgebung geeignete Stoffe vorgestellt und verglichen werden. Darüber hinaus werden Synthesewege ausgesuchter Partikel aufgezeigt sowie Möglichkeiten, diese zu optimieren um die Absorptionsmaxima in den gewünschten Spektralbereich zu verschieben. Im letzten Abschnitt werden Vorschriften beschrieben, welche es erlauben, Nanopartikel mit den für eine selektive Bildgebung erforderlichen Biomolekülen zu versehen.

7.1 Eignung von Nanopartikeln als optoakustische Kontrastmittel

Die Eignung eines Partikeltypen als optoakustisches Kontrastmittel setzt verschiedene sowohl chemische also auch physikalische Eigenschaften voraus. Im Hinblick auf die Verwendung für die molekulare Bildgebung spielt darüber hinaus die Größe der Partikel eine Rolle. So ist zum Beispiel der Einsatzbereich des konventionellen Ultraschalls für molekulare Diagnostik durch die Größe der verwendeten Kontrastmittel eingeschränkt.

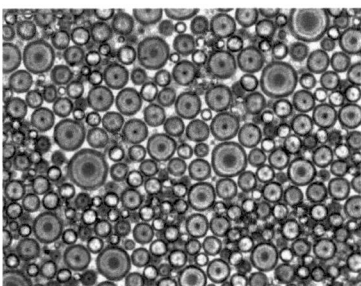

Abbildung 7.1: „Softshell" Microbubbles mit einer Membran aus PEG-Stearat und Phosphatidylcholin (polydispers, Maximum der Verteilung bei 5 μm, eigene Synthese)

Die bei dieser Art der Bildgebung verwendeten gasgefüllte Bläschen („Microbubbles", Abbildung 7.1) können auf Grund ihrer Größe im Bereich von 1 bis 10 μm das Gefäßsystem nicht verlassen, was deren Einsatzfeld massiv einschränkt [10][11]. Im Vergleich dazu liegt ein Vorteil der Optoakustik in der Verfügbarkeit von Kontrastmitteln auf der Nanometerskala, deren Größe in einem veränderten Biodistributionsverhalten resultiert, so dass Gefäßgrenzen überquert werden können. So wird für die Extravasion aus Gefäßen der Tumorvaskulatur eine Obergrenze für die Partikelgröße im Bereich von 100 bis 400 nm angegeben [76][77]. Bei nichtmalignem Gewebe konnte ebenfalls ein Zusammenhang zwischen der Partikelextravasation und deren Größe nachgewiesen werden [78]. Neben der Partikelgröße ist die Fähigkeit Licht, in dem für die optoakustische Bildgebung relevanten Spektralbereich zwischen 600 und 1100 nm zu absorbieren, ein weiterer wichtiger Parameter, welche durch den Absorptionsquerschnitt σ ausgedrückt wird. Der Absorptionskoeffizient eines Mediums, in welchem sich Kontrastmittel befinden, hängt direkt von deren Konzentration c sowie ihrem Absorptionsquerschnitt σ ab. Bei einer Vielzahl verschiedener Kontrastmitteltypen ergibt sich der tatsächliche Absorptionskoeffizient als Summe aus der intrinsischen Absorption μ_{a0} und den Beiträgen der einzelnen Partikeltypen gemäß

$$\mu_a = \mu_{a_0} + \sum_p \sigma_p c_p \quad (7.1)$$

Darüber hinaus hängt der optoakustische Druckaufbau in linearer Weise von dem Absorptionskoeffizienten des Mediums ab (siehe Gleichung 3.17). Aus diesen beiden Zusammenhängen wird klar, dass der Querschnitt σ den wichtigsten physikalischen Parameter zur Beschreibung der Eignung eines Partikeltypen als optoakustisches Kontrastmittel darstellt.

Die Notwendigkeit der Übereinstimmung zwischen der zur Signalerzeugung genutzten Wellenlänge und dem Maximum im Absorptionsspektrum der Nanopartikel erlaubt zwei mögliche Herangehensweisen bei der Wahl der Partikel und des Lasers. Zum einen kann ein definierter Partikeltyp ausgewählt werden und die Anregungswellenlänge an dessen Absorptionsspektrum angepasst werden. Zum anderen kann aber auch eine definierte Laserwellenlänge gewählt werden und ein dazu passender Partikeltyp genutzt werden. Allerdings stehen im sichtbaren und NIR Bereich nur wenige Laserwellenlängen zur Verfügung, sofern man nicht auf technisch anspruchsvolle und gleichzeitig kostenintensive OPO-Lasersysteme zurückgreifen kann. Besonders hervorzuheben sind die Wellenlängen von 532 und 1064 nm, welche mit Nd:YAG Lasern (mit Frequenzverdoppler) erzeugt werden können. Aufgrund der einfachen Handhabung und der Robustheit sowie der hohen Eindringtiefe des Lichtes bei einer Wellenlänge von 1064 nm eignen sich diese Laser ideal zur optoakustischen Bildgebung. Im Hinblick auf den möglichen zukünftigen Einsatz der optoakustischen Bildgebung als klinisch-diagnostische Bildgebungsmodalität können die niedrigen Kosten eines solchen Lasersystems ebenfalls nur von Vorteil sein. Aus diesem Grund wurde bei der Nanopartikelwahl vor allem darauf geachtet, dass eine möglichst hohe Absorption im Wellenlängenbereich um 1064 nm gegeben ist. Unter den gegebenen Rahmenbedingungen haben sich vor allem Gold- und Magnetit-Partikel (Fe_3O_4) sowie farbstoffbeladene Polymerpartikel als potentiell für die optoakustische Bildgebung geeignet erwiesen. Während verschiedene Goldpartikel im Rahmen dieser Arbeit selbst synthetisiert wurden, sind die Versuche mit Magnetit- oder Polymerpartikeln mit kommerziell erhältlichem Material durchgeführt worden. Die Vor- und Nachteile verschiedener Partikeltypen sowie die Synthesewege zur Herstellung von Goldnanopartikeln werden in den folgenden Abschnitten vorgestellt.

7.1.1 Magnetit

Magnetitpartikel weisen den Vorteil eines breiten Absorptionsspektrums mit hohen Werten im gesamten sichtbaren und NIR Bereich auf (Abbildung 3.8). Darüber hinaus können die Partikel durch eine einfache Reaktion in einem weiten Größenbereich hergestellt werden. Im Hinblick auf die Verwendung zur *in-vivo*-Bildgebung ist ihre Bioverträglichkeit von großer Relevanz. Im Gegensatz zu Gold-Nanopartikeln wird Magnetit in den Kuppfer-Zellen der Leber metabolisiert, indem Eisen in eine ionische Form umgewandelt wird [79]. Als Nachteil muss der im Vergleich zu Goldpartikeln wesentlich geringere Absorptionsquerschnitt σ genannt werden. Darüber hinaus kann das Vorhandensein eines sehr breiten Spektrums unter gewissen Bedingungen auch als Nachteil gewertet werden. Im Fall der Multispektralen Optoakustischen Bildgebung werden bei verschiedenen Wellenlängen aufgenommene Signale miteinander verglichen. Bei Partikeln mit schmalem Absorptionsmaximum und der richtigen

Wahl der Wellenlänge können Signale von verschiedenen Messungen ausgewertet werden, woraus ein auf die Kontrastmittel zurückzuführendes Differenzsignal mit optimiertem SRV berechnet werden kann. Magnetitpartikel sind aufgrund der nahezu konstanten Absorption in weiten Teilen des NIR jedoch für diese Art der Bildgebung nicht geeignet.

7.1.2 Polymerpartikel

Für die Optoakustik nutzbare Polymerpartikel werden durch die Verkapselung verschiedener im NIR oder im sichtbaren Bereich absorbierende Farbstoffe in einer Polymerhülle synthetisiert. Die Möglichkeit der Farbstoffwahl erlaubt es, solche Partikel bei verschiedenen Wellenlängen einzusetzen. Des Weiteren kann die Polymerhülle so gewählt werden, dass sie nach dem Einsatz des Partikels als Kontrastmittel vom Körper metabolisiert werden kann. Die schmalen Absorptionsbanden vieler Farbstoffe erlauben es außerdem, diesen Partikeltyp für die Multispektrale Optoakustische Bildgebung zu nutzen.

7.1.3 Goldnanopartikel

Wie schon in Abschnitt 3.3.2 dargelegt, weisen Goldnanopartikel aufgrund von Plasmonenresonanzen enorm hohe Absorptionsquerschnitte auf, welche sich zudem durch die Manipulation der Größe und der Geometrie in weiten Wellenlängenbereichen einstellen lassen. Des Weiteren weisen Goldpartikel eine bekannte Oberflächenchemie auf, die es ermöglicht, sie für die Verwendung als selektive Kontrastmittel mit Biomolekülen zu modifizieren. Demgegenüber stehen die Unwägbarkeiten in Bezug auf den Verbleib der Partikel im Gewebe und deren ungeklärte biologische Verträglichkeit.

Um Goldpartikel mit hoher Absorption bei der schon angesprochenen interessanten Wellenlänge von 1064 nm zu erhalten, können diese prinzipiell als Nanorods oder Nanoshells synthetisiert werden. Die Synthesemethoden weichen dabei jedoch grundsätzlich von denen zur Herstellung sphärischer Goldkolloide ab. Im Folgenden soll daher der Einfluss der Synthesemethode auf die entstehenden Partikel und deren optische Eigenschaften beleuchtet werden.

7.2 Synthese von Goldnanopartikeln

Neben exotischen Partikeltypen wie „Nanopyramiden" [80], „Nanowürfeln" [81] oder „Nanoringen" stellen sphärische und asymmetrische Goldpartikel die für den Einsatz als Kontrastmittel interessantesten Kandidaten dar. Nanospheres eignen sich auf Grund ihrer Absorption im Bereich um 530 nm nur bedingt, da Licht dieser Wellenlänge nur sehr wenig in Gewebe eindringen kann. Die Synthese von sphärischem Nanogold stellt allerdings eine Vorstufe für die Herstellung weiterer Partikeltypen und wird aus diesem Grunde ebenfalls betrachtet.

7.2.1 Nanospheres

Sphärische Goldpartikel werden durch einfache Reduktion von Tetrachloridogoldsäure (HAuCl$_4$) in Wasser hergestellt [82]. Je nach gewünschter Größe und späterer Verwendung werden unterschiedlich starke Reduktionsmittel benutzt. Die geläufigsten Mittel hierfür sind Natriumcitrat, Formaldehyd oder Natriumborhydrid (NaBH$_4$). Bei der Benutzung von Citrat als Reduktionsmittel werden nach der Entstehung der Partikel negativ geladene Citrat-Ionen auf der Partikeloberfläche adsorbiert und stabilisieren diese um der Agglomeration vorzubeugen. Bei der Verwendung alternativer Reduktionsmittel kann der Mischung ein weiterer Stoff zugefügt werden, welcher die Rolle des Stabilisators ("Surfactant") übernimmt. In den meisten Fällen wird dazu das kationische Tensid CTAB (Cetyltrimethylammoniumbromid) genutzt. Wenn die Reaktionsbedingungen so eingestellt werden, dass hauptsächlich kolloidale Partikel („Seeds") im Größenbereich einiger weniger Nanometer entstehen, so können diese als Ausgangsmaterial für die Synthese von Gold-Nanorods oder Nanoshells genutzt werden.

7.2.2 Nanorods

Nanorods sind stäbchen- oder ellipsenförmige asymmetrische Partikel, welche durch Reduktion von ionischem Gold und anschließendem anisotropen Partikelwachstum gewonnen werden. Alternativ dazu stehen auch elektrochemische Ansätze zur Verfügung, welche im Rahmen dieser Arbeit jedoch nicht weiter verfolgt wurden.

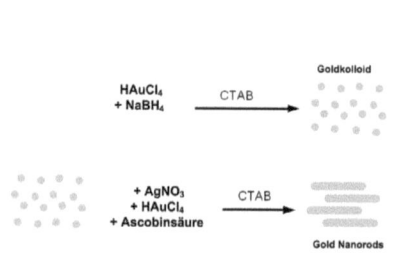

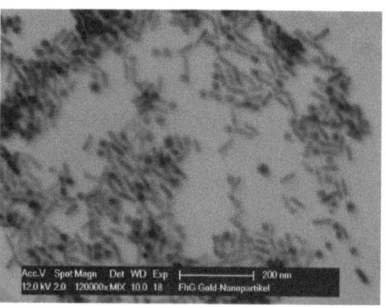

Abbildung 7.2: Synthese von Nanorods durch Wachstum von Goldkolloiden

Abbildung 7.3: SEM-Aufnahme von Gold-Nanorods aus eigener Synthese

Die hier verwendete Methode zur Herstellung von Gold-Nanorods besteht aus zwei Schritten [83]. Im ersten Schritt wird Goldkolloid unter Verwendung von NaBH$_4$ als Reduktionsmittel und CTAB als Stabilisator hergestellt. Dazu müssen 250 μl einer 10 mM HAuCl$_4$ mit 7,5 ml einer 100 mM CTAB Lösung vermischt werden. Bei Zugabe von 600 μl einer 10 mM NaBH$_4$-Lösung unter konstantem Rühren entsteht das Goldkolloid innerhalb weniger Sekunden, was sich in einer bräunlich roten Verfärbung der Lösung äußert. Im zweiten Reaktionsschritt wird eine geringe Menge an Goldkolloid zu einer sogenannten „Wachstumslösung" gegeben, in der aus den 1-4 nm großen kolloidalen Partikeln Gold-Nanorods entstehen. Die Lösung besteht aus den Grundzutaten Silbernitrat (AgNO$_3$), Wasser, Ascorbinsäure, Tetrachloridogoldsäure sowie CTAB. Durch die Veränderung der relativen Konzentrationen der Edukte sowie durch die Beigabe von Salpetersäure (HNO$_3$) und den Austausch von CTAB durch andere Tenside konnte das Halbachsenverhältnis der entstandenen Nanorods in den durchgeführten Versuchen im Größenbereich zwischen 1 und 6 variiert werden. Dies führte zu einer Verlagerung des spektralen Maximums weit in den NIR bis zu ca. 1050 nm.

	AgNO$_3$	HNO$_3$	BDAC	CTAB	H$_2$O	Au^{3+}	AA	Seed
H5	33	75	833	108	725	33	13	10
E4	33	0	833*	250	583	33	13	10
S4	33	0	833	108	725	33	13	40
c (mM)	4	100	150	500		25	70	

Tabelle 7.1: Edukte bei der Synthese von Nanorods verschiedener Halbachsenverhältnisse. Alle Mengenangaben in µl. Die Werte der letzten Zeile bezeichnen die Konzentrationen der einzelnen Edukt-Lösungen (AA = Ascorbinsäure). (*) hier wurde BDAC durch EDAB ausgetauscht. In den verschiedenen Messreihen wurden unterschiedliche Parameter verändert: H-Reihe (Konzentration an HNO$_3$), E-Reihe (Konzentration an EDAB), S-Reihe (Konzentration an „Seeds")

Bei den durchgeführten Synthesen wurde unter anderem der Einfluss von Salpetersäure auf die Eigenschaften der entstehenden Partikel evaluiert. Bis zu einem Schwellwert führte dies zu einer Verschiebung des Absorptionsmaximums in Richtung NIR. Dieser Effekt wurde aber wieder umgekehrt, sobald die Menge an HNO$_3$ diesen Schwellwert überschritt. Ähnliches gilt für den Einsatz unterschiedlicher Tenside. Dabei wurde statt reinem CTAB eine Mischung aus CTAB und BDAC (Benzyldimethylhexadecylammoniumchlorid) oder CTAB und EDAB (Ethydimethylhexadecylammoniumbromid) verwendet.

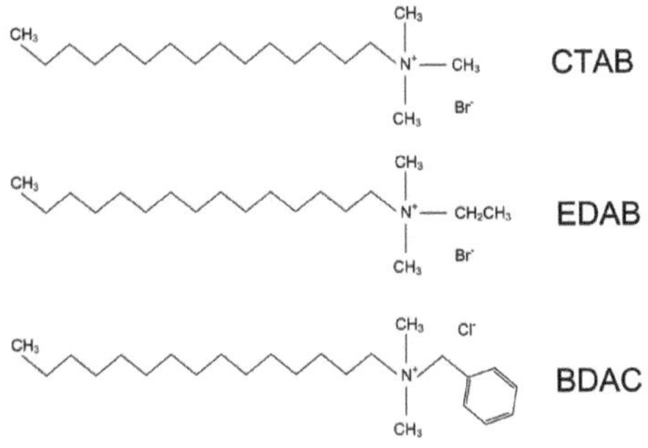

Abbildung 7.4: Unterschiedliche verwendete „Surfactant"-Moleküle

Der Einfluss der Wahl des Tensids auf die Geometrie der entstehenden Nanorods kann durch die Größe der Kohlenstoffgruppe erklärt werden. Bei der Reaktion bilden die Tensid-Moleküle Mizellen, welche eine Art Schablone („Template") für die Nanorodsynthese darstellen [84][85].

Da die Größe der hydrophoben Teile der Moleküle deren Anordnung und somit auch die Struktur der Mizelle beeinflusst, hat die Wahl des Moleküls auch einen Einfluss auf die Gestalt der entstehenden Nanorods. Obwohl die Synthese der Nanorods ein an sich einfacher Prozess ist, liegt die Herausforderung in der reproduzierbaren Verschiebung des Absorptionsmaximums in den Bereich um 1064 nm. Neben den relativen Konzentrationen der Edukte hat vor allem die Reaktionstemperatur einen entscheidenden Einfluss auf die Geometrie und Größe der entstehenden Partikel. Dies kann durch die Phasenübergänge der eingesetzten kationischen Tenside erklärt werden.

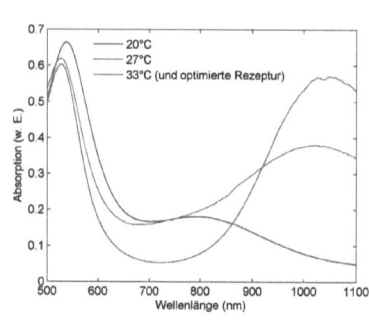
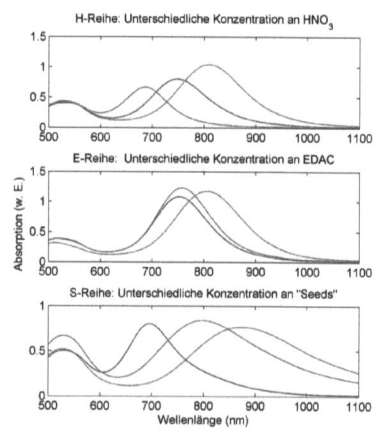

Abbildung 7.5: Einfluss der Reaktionstemperatur auf die entstehenden Nanopartikel

Abbildung 7.6: Einfluss der Konzentration verschiedener Reaktionsedukte

Bei Temperaturen unter ≈ 25°C entstehen in BDAC- und CTAB-Lösungen Kristalle und setzen dadurch die Konzentration an Tensiden in der Synthese-Lösung herab. Die auskristallisierten Moleküle stehen demnach nicht mehr für die Mizellenbildung zur Verfügung. Der Einfluss dieses Effekts wird in Abbildung 7.5 deutlich, in der Spektren von Nanorods gezeigt werden, welche bei zwei Synthesen mit identischen Zutaten (Versuchsreihe H5, Tabelle 7.1) aber unterschiedlichen Temperaturen erzeugt wurden. Die Temperaturen wurden dabei so gewählt, dass die Tenside in einem Fall erste Kristalle bilden, während die Lösung in dem zweiten Fall vollkommen homogen ist. In Abbildung 7.6 wird der Einfluss der Konzentration verschiedener wichtiger Reaktionsedukte auf das Absorptionsspektrum der entstehenden Nanorods aufgezeigt. Bei diesen Synthesen wurde immer nur ein Parameter variiert (Menge an HNO_3, EDAB oder „Seeds"), während alle anderen Edukte in der gleichen Menge zugegeben wurden. Die Zutaten für jeweils eine Synthese jeder Reihe werden exemplarisch in Tabelle 7.1 aufgeführt. Das Ziel dieser Versuchsreihe war es, das ideale Mischungsverhältnis zu definieren um das Absorptionsmaximum der entstehenden Partikel soweit wie möglich in Richtung 1064 nm zu verlagern. Das Fehlen von Partikeln mit hoher Absorption bei dieser Wellenlänge hat in der Vergangenheit dazu geführt, dass komplexe und technisch anspruchsvolle Lasersysteme zur optoakustischen Signalerzeugung genutzt werden mussten. Wie in Abbildung 7.5 ersichtlich wird, konnte die Absorption der Nanorods durch die Anpassung der Syntheseparameter in den gewünschten Wellenlängenbereich verschoben werden.

7.2.3 Nanoshells

Gold-Nanoshells sind Partikel mit einem schalenförmigen Aufbau aus einem dielektrischen Kern (meist SiO_2) mit einer Ummantelung aus einer dünnen Goldschicht (wenige Nanometer). Die im Verhältnis zum Kerndurchmesser relative Dicke der Goldschicht ist der entscheidende Faktor, welcher die optische Absorptions- und Streueigenschaften der Partikel beeinflusst.

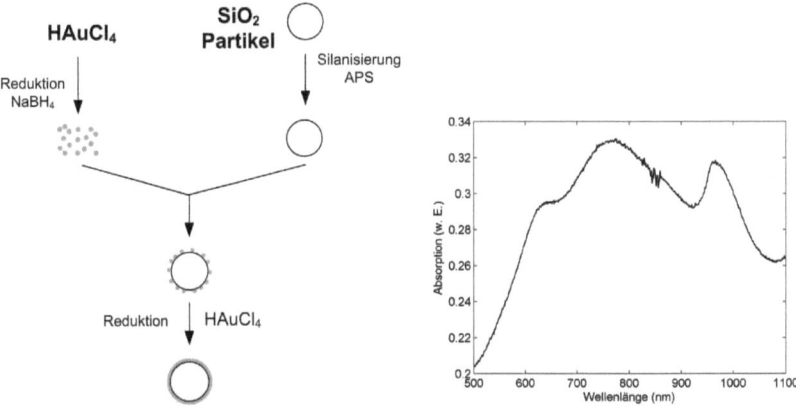

Abbildung 7.7: Synthese von Nanoshells durch Wachstum von Gold-Kolloiden und Anhaften auf silanisierten SiO_2- Partikeln

Abbildung 7.8: Absorptionsspektrum von Nanoshells aus eigener Synthese (SiO_2-Kern mit 150 nm Durchmesser)

Die Synthese der Partikel ist aufgrund der Vielzahl von Zwischenschritten und der Notwendigkeit von mehreren Zentrifugationsschritten wesentlich komplizierter als die der Gold-Nanorods [86]. Als Ausgangspunkt dienen Siliziumdioxidpartikel, welche entweder nach der Stöber-Methode [87] selbst hergestellt oder kommerziell erworben werden können. Folgende 4 Schritte werden bei der Synthese von Nanoshells durchgeführt:

- Erzeugung von Gold-Kolloid:
  Das Kolloid wird wie in Abschnitt 7.2.2 beschrieben hergestellt. Allerdings wird Formaldehyd statt $NaBH_4$ als Reduktionsmittel eingesetzt. Ebenso wird auf die Verwendung von CTAB als Stabilisator verzichtet.

- Modifizierung des Partikelkerns zur Anlagerung des Kolloids (Silanisierung):
  Um die Anlagerung des Goldkolloids auf der Oberfläche der SiO_2-Partikel zu gewährleisten, wird ihre Oberfläche mit NH_2-Gruppen modifiziert, welche eine hohe chemische Affinität zu Gold aufweisen. Dazu wird eine SiO_2-Partikelsuspension in Ethanol hergestellt

und mit APS (Aminopropyltriethoxysilan) versetzt. Die relativen Mengen der Edukte werden so gewählt, dass eine 2,5-fache Bedeckung der Partikeloberfläche unter der Annahme eines APS-Flächenbedarfs von 0,6 nm^2 möglich ist. Die Mischung wird 12 h (bei 800 min^{-1}) gerührt und anschließend 1h lang unter Rückfluss erhitzt. Überschüssige Edukte werden durch mehrfaches Zentrifugieren bei 2000 g und anschließendem Redispergieren in Ethanol entfernt.

- Anlagerung des Kolloids auf dem SiO$_2$-Kern:
  Das im ersten Schritt hergestellte Kolloid wird über mehrere Minuten tropfenweise mit den silanisierten SiO$_2$-Partikeln zur nominal dreifachen Bedeckung versetzt. Die Suspension wird daraufhin mindestens 12 h bei Raumtemperatur weitergerührt. Überschüssiges Goldkolloid wird durch Zentrifugieren und Verwerfen des Überstands entfernt (1500 g). Dies wird wiederholt, bis im Absorptionsspektrum des Überstands keine Kolloidspuren mehr nachweisbar sind.

- Reduktion von HAuCl$_4$ zur Erzeugung einer geschlossenen Schicht:
  Die Menge an einzusetzendem HAuCl$_4$ kann theoretisch aus der Konzentration an SiO$_2$-Kernen und der gewünschten Schichtdicke berechnet werden. Allerdings kann die SiO$_2$-Konzentration auf Grund der vielen Zentrifugationsschritte erheblich von der Anfangskonzentration abweichen, was eine Abschätzung erschwert. Eine Alternativmöglichkeit liegt darin, mit HAuCl$_4$ im Überschuss zu arbeiten und ein starkes Reduktionsmittel schrittweise zu geben. Die Absorptionseigenschaften der Lösung müssen in diesem Fall spektrometrisch nach jedem Zugabeschritt überwacht werden, wobei das Erreichen der gewünschten Eigenschaften das Abbruchkriterium für die Zugabe von weiterem Reduktionsmittel definiert.

7.3 Selektive Kontrastmittel

Bei der Verwendung von Nanopartikeln zur Erhöhung der Selektivität müssen diese mit biologischen Markermolekülen wie Antikörpern oder Peptiden versehen werden. Um diese an die Oberfläche der als Kontrastmittel eingesetzten Nanopartikel binden zu können, muss deren Oberfläche in einem ersten Schritt modifiziert werden. Im Rahmen der vorliegenden Arbeit wurden zu diesem Zweck verschiedene Polyethylenglycole (PEG) genutzt, welche unterschiedliche Bindungsschnittstellen aufweisen, die es ermöglichen sowohl an Nanopartikel als auch an definierte Biomoleküle zu binden. Die verwendeten Verfahren zum Koppeln von Antikörpern an Nanopartikel sowie Möglichkeiten, den Erfolg der Kopplungsreaktion zu überprüfen, werden in den nächsten Abschnitten vorgestellt.

7.3.1 Biologischen Funktionalisierung von Nanopartikeln

Die Kopplung von Markermolekülen an Nanopartikel umfasst häufig mehrere Zwischenschritte, da eine direkte Bindung an die Partikel-Oberfläche in vielen Fällen nicht möglich ist. Die Vorbereitung der Partikeloberfläche gehört dabei neben der Modifizierung der Antikörper mit reaktiven Schnittstellen zu den durchzuführenden Schritten. Darüber hinaus ist es in manchen Fälle erforderlich ein Zwischenmolekül („Cross-linker") einzusetzen, welches als Verbinder zwischen dem Partikel und dem biologischen Liganden fungiert.

Im Rahmen der vorliegenden Arbeit wurde die Modifizierung von Nanopartikeln an einem Modell-System bestehend aus NIR-absorbierenden Gold-Nanoshells und dem monoklonalen Antikörper Trastuzumab (Herceptin®, Roche) durchgeführt. Die Grundlagen der Bindungschemie sowie verschiedenen möglichen Reaktionswege zur Durchführung dieser Kopplung werden im Folgenden vorgestellt.

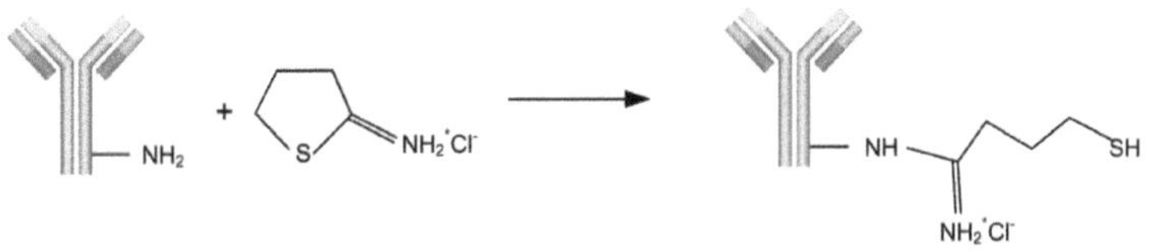

Abbildung 7.9: Thiolierung von Antikörper durch Reaktion mit 2-Imminothiolan (Traut´s Reagenz)

Der einfachste Weg besteht dabei in einer Kopplung des Antikörpers an die Partikeloberfläche ohne die Verwendung von Zwischenmolekülen. Um die Antikörper an die Partikeloberfläche binden zu können, ohne deren biologische Aktivität zu beeinträchtigen, wurden sie in einem ersten Schritt thioliert. Dabei wird an den Antikörper eine Thiol-Gruppe (-SH) geschaffen, welche auf Grund ihrer hohen Reaktivität eine geeignete chemische Schnittstelle darstellt. Dazu müssen in Phosphat-Puffer (pH = 8.0) gelöste Antikörper mit 2-Imminothiolan (Traut's Reagenz, Sigma-Aldrich) in 50-fachem molarem Überschuss über 2 h bei 20°C und 600 rpm inkubiert werden [88]. Die so modifizierten Antikörper können direkt oder mit Hilfe eines Crosslinker-Moleküls an Goldpartikel gebunden werden. Bei der direkten Methode wird die chemische Affinität zwischen Gold und Thiolgruppen genutzt. Das zugrunde liegende Prinzip dieser Affinität ist die Addition der SH-Bindung an die Goldoberfläche (siehe [89]) gemäß

$$R - S - H + Au_n^0 \longrightarrow R - S^- Au^+ . Au_{n-1}^0 + \frac{1}{2} H_2 \qquad (7.2)$$

Für die Kopplungsreaktion werden 100 μl einer 0,5 mg/ml Lösung an thiolierten Antikörpern mit 1 ml einer Nanopartikelsuspension (10^9 NP/ml) unter konstantem Rühren über 12 h bei 20°C inkubiert. Experimente zum Nachweis der Bindung (Abschnitt 7.3.2) haben gezeigt, dass dieses Herangehen die Kopplung von Trastuzumab an Nanoshells auf einfache Weise erlaubt. Allerdings kann diese Methode nicht ohne weiteres übertragen werden, um andere

Liganden an Partikel zu binden. Darüber hinaus weist die Modifizierung von Partikeln mit Polyethylenglykolen Vorteile in Bezug auf die Pharmakokinetik [90] und die Abschirmung gegenüber dem Immunsystem auf, so dass höhere Zirkulationsdauern in der Blutbahn erreicht werden können [91].

Bei der Nutzung von Crosslinkern eignen sich vor allem heterobifunktionelle Polyethylenglykole, welche sowohl eine Endgruppe aufweisen, die an thiolierte Antikörper bindet, als auch eine, welche zur Bindung an die Oberfläche von Goldpartikeln geeignet ist. Aus der ersten Forderung ergibt sich die Möglichkeit ein PEG zu nutzen, welches eine Maleimidgruppe aufweist.

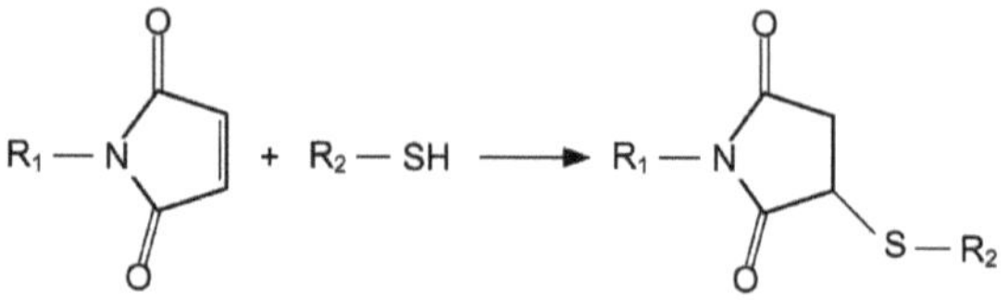

Abbildung 7.10: Reaktion von Maleimid mit Thiolgruppen. R_1 bezeichnet das PEG, R_2 den Antikörper

Um die Bindung an einen Partikel zu ermöglichen, muss das PEG mindestens eine weitere aktive Endgruppe aufweisen. In der vorliegenden Arbeit wurde mit MAL-PEG-NHS gearbeitet, einem linearen heterobifunktionellen PEG, welches neben der Maleimidgruppe auch eine an Amine bindende Succinimidylestergruppe aufweist. Bei der Verwendung dieses PEGs muss allerdings erst eine passende Schnittstelle auf der Partikeloberfläche geschaffen werden. Dazu eignen sich Moleküle, welche sowohl eine goldaffine Thiol-Gruppe als auch eine primäre Aminogruppe aufweisen wie Thiol-PEG-Amin (HS-PEG-NH$_2$) oder 4-Aminothiophenol (4-ATP, siehe Abbildung 7.11).

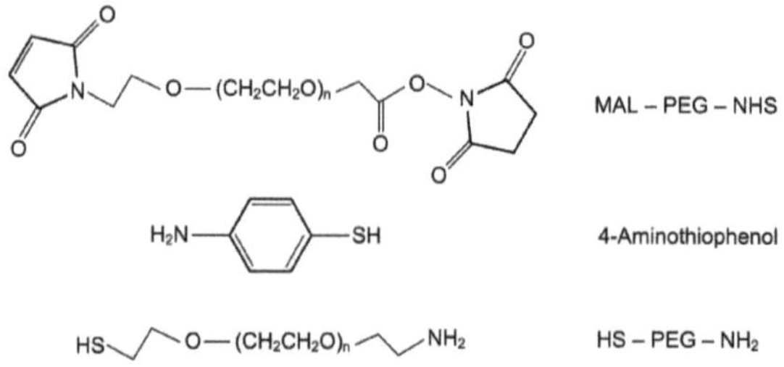

Abbildung 7.11: Verschiedene für die Bindungsreaktionen genutzte Moleküle

Alternativ dazu kann auch ein PEG verwendet werden, welches neben der Maleimidgruppe ein primäres Amin aufweist, da NH$_2$ ebenfalls an Gold-Oberflächen bindet. Insgesamt wurden 4 Verfahren zur Konjugierung der Gold-Nanopartikel mit Antikörpern erprobt:

- Methode 1: Au + HS-AK
- Methode 2: Au + H$_2$N-PEG-MAL + HS-AK

- Methode 3: Au + HS-PEG-NH$_2$ + NHS-PEG-MAL + HS-AK
- Methode 4: Au + 4-ATP + NHS-PEG-MAL + HS-AK

Die Vorgehensweise bei der Kopplungsreaktion gemäß Methode 1 wurde schon am Anfang dieses Abschnitts skizziert. Die anderen Verfahren werden im Folgenden kurz besprochen. Ein Vergleich der Effizienz der verschiedenen Reaktionen wird dann im nächsten Abschnitt vorgelegt.

Methode 2 Die Antikörper werden nach dem schon beschriebenen Vorgehen thioliert. Zur Schaffung der Maleimidschnittstellen wird eine 4 mM Lösung an H$_2$N-PEG-MAL (Molmasse 5 kDa) in hochreinem Wasser angesetzt. Zur Kopplung werden 100 µl dieser Lösung mit 1 ml Partikelsuspension (c = 10^9 NP/ml) über 1,5 h unter konstantem Schütteln (600 rpm) bei 20°C inkubiert. Überschüssiges PEG wird danach durch Zentrifugation mit anschließender Redispersion in mQ Wasser entfernt.

Methode 3 Eine 4 mM Lösung an HS-PEG-NH$_2$ (Molmasse 750 Da) wird in hochreinem Wasser angesetzt. Zur Kopplung werden 100 µl dieser Lösung mit 1 ml Partikelsuspension (c = 10^9 NP/ml) über 1,5 h unter konstantem Schütteln (600 rpm) bei 20°C inkubiert. Überschüssiges PEG wird durch Zentrifugation entfernt. Das Partikelpellet wird in Phosphat-Puffer (pH = 8,1) redispergiert. In einem zweiten Schritt wird eine 4 mM Lösung an NHS-PEG-MAL (Molmasse 5 kDa) in Phosphat-Puffer (pH = 8,1) angesetzt. 100 µl dieser Lösung werden zur Reaktion zu den in Phosphat-Puffer redispergierten Partikeln gegeben. Nach der Inkubation werden die Partikel gewaschen um überschüssiges PEG zu entfernen. Bei dieser Reaktion ist der pH-Wert ein kritischer Parameter, da die Reaktion zwischen Succinimidylester und NH$_2$-Gruppen nur in leicht basischem Milieu (pH ≈ 7,5 - 8,5) stattfinden kann.

Methode 4 Die Partikel werden abzentrifugiert und in Ethanol redispergiert. Zu 1 ml an Partikelsuspension werden 50 µl einer 2 mM 4-ATP Lösung gegeben. Nach 3 h Inkubationsdauer wird überschüssiges 4-ATP abzentrifugiert und das Pellet wird in Phosphat-Puffer (pH = 8,1) redispergiert. Die weitere Kopplung mit NHS-PEG-MAL findet wie in Methode 3 beschrieben statt.

Die tatsächliche Kopplung an die Antikörper findet bei allen Methoden durch Inkubation von 100 µl einer 0,5 mg/ml Antikörper-Lösung mit 1 ml einer Nanopartikelsuspension (10^9 NP/ml) unter konstantem Rühren über 12 h bei 20°C statt. Im letzten Schritt müssen überschüssige ungebundene Antikörper noch durch Zentrifugation entfernt werden.

7.3.2 Nachweis von Antikörpern

Um die verschiedenen Methoden zur Kopplung von Antikörpern und Nanopartikeln zu evaluieren, muss die Bindung verifizierbar und quantifizierbar sein. Zum Nachweis des Antikörpers auf der Partikeloberfläche können diese mit Zellen inkubiert werden, welche einen Rezeptor (über-)exprimieren an den die Antikörper binden. Der Vergleich zwischen Ergebnissen der Inkubation von Zellen, welche diesen Rezeptor exprimieren, mit modifizierten Partikeln und Ergebnissen eines Kontrollversuchs mit nicht-funktionalisierten Partikeln erlaubt dann Rückschlüsse über den Erfolg der Antikörperkopplung.

Zur Quantifizierung der Antikörper müssen jedoch andere Methoden wie Hochleistungsflüssigkeitschromatographie (HPLC) oder spektrometrische Verfahren herangezogen werden. In der vorliegenden Arbeit wurde die Effizienz der im letzten Abschnitt vorgestellten Konjugationsmethoden durch Fluoreszenzspektrometrie untersucht. Dazu wird ein sekundärer unspezifischer IgG Fluoreszenzantikörper (Alexa Fluor® 488 Immunogammaglobulin) zu der Suspension an konjugierten Nanopartikeln gegeben und bei 4°C über 2 h inkubiert. Die Menge an IgG wurde so gewählt, dass sie der Menge an primärem Antikörper (Trastuzumab) entspricht. Nach der Inkubation werden die Partikel und der sekundäre Antikörper durch Abzentrifugieren (6000 g, 10 min) voneinander getrennt. Der Überstand und das in Wasser redispergierte Partikelpellet werden anschließend fluoreszenzspektrometrisch untersucht. Die Intensität der Fluoreszenz bei 520 nm ist dabei der Indikator für die Menge an sekundärem Fluoreszenzantikörper. Da dieser wiederum an Trastuzumab bindet, gibt die Fluoreszenz indirekt eine Aussage über die Anzahl an Antikörpern in der Probe. Wenn bei allen Methoden die gleiche Anfangsmenge an Nanopartikeln gewählt wird, lässt die Fluoreszenz somit auf die Effektivität der Bindungsreaktion schließen.

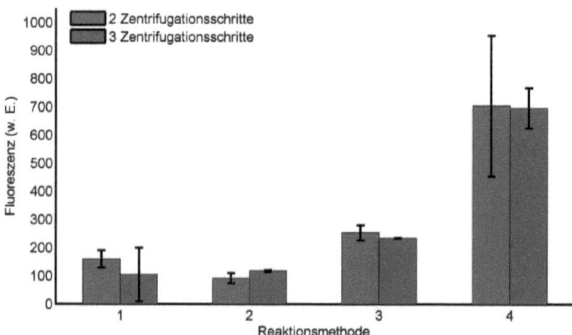

Abbildung 7.12: Fluoreszenzintensitäten der mit Alexa Fluor inkubierten modifizierten Partikel, Vergleich der Methoden 1 bis 4. Jede Methode wurde in 2-facher Ausführung angewendet

Durch die Fluoreszenzspektren wird deutlich, dass bei allen verwendeten Methoden Antikörper an die Oberfläche der Partikel gebunden werden konnten. Wenn dies nicht der Fall wäre und die Fluoreszenzsignale von ungebundenen Fluoreszenzantikörpern stammen würden, so hätte dies eine drastischere Abnahme der Fluoreszenz durch einen weiteren Zentrifugationsgang zur Folge. Da jedoch sowohl nach 2 als auch nach 3 Zentrifugationsgängen intensive Fluoreszenzsignale gemessen werden, kann tatsächlich von einer Bindung der Antikörper bei allen Reaktionsmethoden ausgegangen werden.

Die verschiedenen Herangehensweisen unterscheiden sich vor allem in der Effektivität und in der Stabilität der Bindung. Die maximale Intensität des Fluoreszenzsignals gibt dabei einen Hinweis auf die Effektivität, während das Verhältnis der Intensitäten nach 2 und nach 3 Zentrifugationsgängen zumindest grob auf die Stabilität der Bindung schließen lässt. Allerdings lässt die Datenlage aufgrund der hohen Standardabweichungen keine eindeutigen Schlußfolgerungen zu.

Bei der getrennten fluoreszenzspektroskopischen Messung der Partikel und des Überstandes kann darüber hinaus eine grobe Abschätzung für die Menge an Trastuzumab-Antikörpern pro Partikel gewonnen werden. Das Verhältnis r der relativen Fluoreszenzintensitäten von Partikeln und Überstand bei 520 nm erlaubt eine Abschätzung der Anzahl an sekundären Fluoreszenzantikörpern, welche mit den konjugierten Nanopartikeln reagiert haben. Aus der Gesamtmenge an IgG und Nanopartikeln sowie der bekannten Bindungseffizienz η zwischen den IgG-Antikörpern und Trastuzumab kann dann die Anzahl an primären Antikörpern pro Nanopartikel abgeschätzt werden:

$$N_{AK} = \frac{c_{IgG} \cdot N_A}{c_{NP} \cdot M} \cdot r \cdot \eta \qquad (7.3)$$

Bei den vorliegenden Reaktionen ergab diese Berechnungen eine Antikörperbedeckungen in der Größenordnung von 60 AK/Partikel. Dieser Wert kann aufgrund der hohen Standardabweichungen in den gemessenen Fluoreszenzdaten zwar nur als grobe Einschätzung gewertet werden, jedoch zeigt der Vergleich mit Literaturdaten [88] die Plausibilität der Werte.

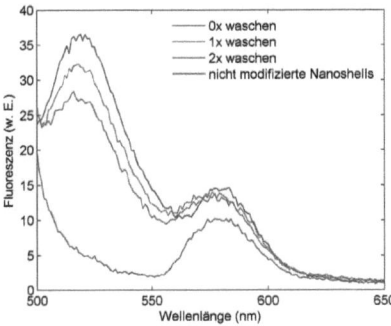

Abbildung 7.13: Fluoreszenzspektren von Partikelsystem mit sekundärem Fluoreszenzantikörper

Aus dem Vergleich mit Fluoreszenzspektren von unkonjugierten Nanopartikeln kann darüber hinaus eine allgemeine Aussage über den Erfolg der Reaktion getroffen werden. Wie in

Abbildung 7.13 ersichtlich weisen unkonjugierte Nanoshells keine charakteristische Fluoreszenz bei 520 nm auf. Ein Signal bei dieser Wellenlänge kann demnach nur auf fluoreszierendes IgG zurückzuführen sein, was wiederum ein Indikator für das Vorhandensein von primärem Antikörper auf der Partikeloberfläche ist. Um auszuschließen, dass das gemessene Fluoreszenzsignal durch nicht reagierte IgG-Rückstände zustande kommt, wurden die Messungen nach mehreren Zentrifugationsschritten wiederholt. Die geringen Schwankungen in der Intensität des Fluoreszenzsignals lassen wiederum den Schluss zu, dass es sich tatsächlich um gebundenes IgG handelt, so dass auch von einer geglückten Funktionalisierung der Partikel mit dem Antikörper Trastuzumab ausgegangen werden kann.

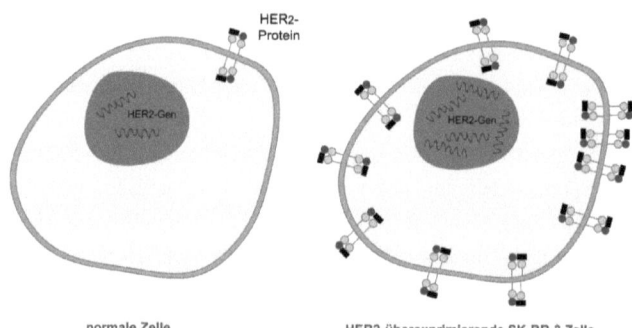

Abbildung 7.14: Unterschied zwischen „normalen" Zellen und SK-BR-3 Zellen

Neben den spektrometrischen Methoden, kann der Erfolg der Reaktion auch mit einer qualitativen Methode verifiziert werden. Dazu wurden optische Mikroskopieaufnahmen an einer SK-BR-3-Zellkultur, welche mit konjugierten Nanoshells inkubiert wurde, durchgeführt. Als Kontrolle wurden SK-BR-3 Zellen mit nicht funktionalisierten Partikeln inkubiert. Bei dieser Brustkrebszelllinie wird der epidermale Wachstumsfaktorrezeptor HER2, an den der Antikörper Trastuzumab mit hoher Affinität bindet, überexprimiert, wie in Abbildung 7.14 skizziert wurde.

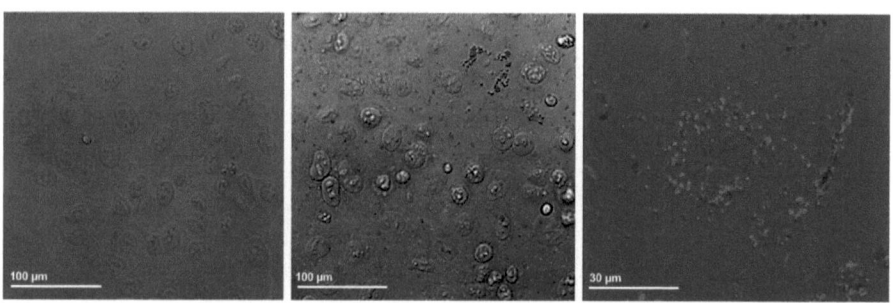

Abbildung 7.15: Nachweis der Bindung von Antikörper durch Inkubation mit SKBR3-Zellen. Links: Zellen ohne Nanopartikel. Mitte: Zellen inkubiert mit Kontrollpartikeln ohne Antikörper. Rechts: Zellen inkubiert mit Trastuzumab-Partikeln

Um das unterschiedliche Bindungsverhalten von funktionalisierten und „nackten" Partikeln aufzuzeigen, wurden CLSM-Aufnahmen (Confocal Laser Scanning Microscope) angefertigt, in denen die Nanopartikel deutlich erkennbar sind. Die Überlagerung einer konventionellen optisch-mikroskopischen Aufnahme und der CLSM-Bilder erlaubt es, die Nanopartikel in dem geometrischen Kontext der Zelle zu lokalisieren. Die kombinierten Messungen aus optischem Bild und CLSM-Bild wurden an 3 Zellkulturen durchgeführt. Neben den Zellen, welche mit modifizierten und unbehandelten Partikeln inkubiert wurden, sind auch Referenz-Aufnahmen einer reinen Zellkultur angefertigt worden. In der reinen Zellkultur konnten keine CLSM-Bilder generiert werden (siehe Abbildung 7.15 links), so dass vorhandene Signale in den anderen beiden CLSM-Messungen eindeutig den Nanopartikeln zugeordnet werden können. Nach der Inkubation mit Partikeln konnte diese in den CLSM-Bildern der beiden Proben auch wiedergefunden werden und erscheinen in Abbildung 7.15 als rote Flächen. Der Unterschied zwischen den beiden Proben liegt in dem Muster, welches die Partikel in der Probe bilden. Während Kontrollpartikel zufällig über die Probe verteilt sind (Abbildung 7.15 Mitte), können Zellumrisse in den CLSM-Bildern der mit funktionalisierten Partikeln inkubierten Probe wiedergefunden werden (Abbildung 7.15 rechts, stärkere Vergrößerung). Eine solche anisotrope Verteilung der Partikel in der Zellkultur liefert einen klaren Indikator für eine Bindung zwischen den funktionalisierten Partikeln und der Zellmembran, was wiederum einen Rückschluss auf den Erfolg der Kopplungsreaktion zulässt.

In diesem Abschnitt wurden verschiedene als optoakustische Kontrastmittel einsetzbare Partikeltypen vorgestellt. Der Schwerpunkt lag dabei auf Gold-Nanopartikeln, welche in der aktuellen Forschung zur optoakustischen molekularen Bildgebung aufgrund ihrer enorm hohen Absorptionsquerschnitte die Referenz darstellen, an der andere Kontrastmittel gemessen werden. Die Synthesewege solcher Goldpartikel wurden an den beiden Beispielen von Nanorods und Nanoshells untersucht, wobei vor allem Möglichkeiten zur Rotverschiebung des spektralen Absorptionsmaximums gesucht wurden. Durch die Kontrolle der Reaktionstemperatur sowie durch die Variation der Konzentrationen verschiedener Edukte konnte das Absorptionsmaximum entstehender Nanorods in die Nähe der Nd:YAG-Grundwellenlänge von 1064 nm verschoben werden. Die Verfügbarkeit von Partikeln mit hoher Absorption in diesem Wellenlängenbereich erlaubt es, auf technisch aufwendige und kostspielige OPO-Lasersysteme zu verzichten und Nd:YAG-Laser zur Signalerzeugung im Kontext der molekularen optoakustischen Bildgebung zu nutzen.

Ein weiterer thematischer Schwerpunkt dieses Kapitels liegt in der Modifizierung von Nanopartikeln mit biologischen Liganden, da diese es erst erlaubt, solche Partikel auch als molekulares Kontrastmittel einzusetzen. Chemische Verfahren hierfür wurden an einem Modellsystem aus Gold-Nanoshells und dem monoklonalen Antikörper Trastuzumab untersucht. Dabei wurden die Antikörper durch die Verwendung unterschiedlicher Vorschriften an Nanoshells gebunden. Der Erfolg der Funktionalisierung konnte dabei sowohl durch quantitative (Fluoreszenzspektrometrie) als auch durch qualitative (Inkubation in Zellkulturen, CLSM-Aufnahmen) Methoden verifiziert werden.

Nachdem in diesem Kapitel aufgezeigt wurde, wie geeignete Nanopartikel hergestellt und mit biologischen Liganden versehen werden können, befasst sich der nächste Abschnitt mit der Detektion derselben. Dazu werden Messungen an unterschiedlichen Phantomen durchgeführt, um Schwellwerte für detektierbare Nanopartikelkonzentrationen zu ermitteln. Darüber hinaus soll untersucht werden inwiefern verschiedene Partikeltypen anhand der Auswertung von multispektralen Datensätzen mit den in Abschnitt 5.5 vorgestellten Algorithmen unterscheidbar sind. Bevor die schon vorgestellten Geräteplattformen in den Kapiteln 9 und 10 schließlich für *in-vivo*-Messungen an Kleintieren und Probanden eingesetzt werden, sollen außerdem deren Abbildungseigenschaften im nächsten Abschnitt untersucht werden.

Kapitel 8

Validierung am Phantom

In den letzten Kapiteln wurden verschiedene Systeme zur Aufnahme von optoakustischen Datensätzen sowie Algorithmen, welche es ermöglichen aus diesen Daten Bilder zu rekonstruieren, vorgestellt. Bevor diese Systeme und Verfahren in den nächsten Kapiteln genutzt werden sollen, um erste *in-vivo* Daten aufzunehmen, werden diese an Phantomen getestet. Zum einen soll dadurch die (laterale und axiale) PSF zwecks Charakterisierung der Auflösung bestimmt werden. Zum anderen soll aber auch die allgemeine Abbildungstreue dieser Bildgebungsmodalität an realistischen Messszenarien evaluiert werden. Die Untersuchung von Phantomen, deren optische Eigenschaften durch die Einlagerung von im letzten Abschnitt vorgestellten Nanopartikeln (Nanoshells, Nanorods, Polymerpartikel, Magnetit) modifiziert wurden, ist ebenfalls Gegenstand dieses Kapitels. Dabei sollen vor allem Schwellwerte für detektierbare Partikelkonzentrationen untersucht werden. Des Weiteren werden komplexe Algorithmen (z.B. Multispektrale Bildgebung), welche bisher nur an synthetischen Daten von digitalen Phantomen getestet wurden, auf ihre Praxistauglichkeit überprüft. In Kapitel 4 wurde aufgezeigt, inwiefern die Frequenzen von optoakustischen Signalen von deren Größe und Geometrie abhängen können und dass die Wahl des richtigen Wandlers demnach die Systemempfindlichkeit und das resultierende SRV beeinflusst. Zur Beschreibung der spektralen Empfindlichkeit der genutzten Ultraschallwandler wird allgemein deren Transferfunktion herangezogen, welche bei kommerziellen Produkten vom Hersteller angegeben wird und auch recht einfach durch akustische Reflexionsmessungen bestimmt werden kann. Da es sich bei dieser Transferfunktion allgemein aber um die akustische Transferfunktion handelt, bei der der Parameter der Laserpulsdauer unberücksichtigt bleibt, während die für die optoakustischen Anwendungen irrelevante elektrische Anregung mit eingeht, wurden Messungen zur Bestimmung der optoakustischen Übertragungsfunktion durchgeführt.

8.1 Optoakustische Auflösung

Die optoakustische Auflösung des Systems wurde bestimmt, indem Signale einer als Punktquelle idealisierten Struktur gemessen wurden. Eine Quelle kann dabei als Punktquelle angesehen werden, wenn eine weitere Verkleinerung der Signalquelle zu keiner Veränderung in dem gemessenen Signal führt (außer in dessen Amplitude). Um in einem ersten Schritt eine als Punktquelle verwendbare Struktur zu identifizieren, wurden optoakustische Signale von einem menschliches Haar (Durchmesser $\approx$ 50 μm) sowie von Kupferdrähten der Durchmesser 15, 42 und 71 μm aufgenommen, indem diese quer zur Wandlerapertur in einem mit Wasser gefüllten Becken gespannt wurden. Während von dem dünnsten Draht nur minimale Signale, welche nicht ausgewertet werden konnten, aufgenommen wurden, waren die Signale der 3 anderen Quellen bis auf einem Amplitudenfaktor identisch, so dass das Signal des Haares aufgrund des besseren SRV zur Auswertung genutzt wurde. Um die Auflösung des Systems bei der Verwendung unterschiedlicher Ultraschallwandler zu bestimmen, wurden Signale unter identischen Bedingungen (axialer Abstand, Laserpulsenergie und Dauer) mit den verschiedenen Wandlern aufgenommen. Bei der Verwendung von linearen Wandlerarrays, wurden die Signale mit dem in Abschnitt 5.1.3 vorgestelltem Beamforming-Algorithmus mit dynamischer Apodisierung (und optionaler Kohärenz-Filterung) rekonstruiert. Bei optimierter Rekonstruktion konnte die FWHM-Breite der PSF zu Werten zwischen 130 und 220 μm je nach benutztem Wandler bestimmt werden.

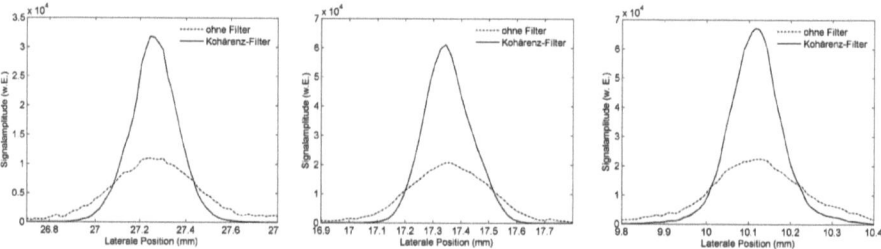

Abbildung 8.1: Optoakustische PSF bei Nutzung verschiedener Aperturen und bei Rekonstruktion mit einem Beamforming-Algorithmus mit dynamischer Apodisierung. 5 MHz, 7,5 MHz und 20 MHz Wandler (links nach rechts)

In Abbildung 8.1 wird die Auflösung des Systems bei unterschiedlichen Rekonstruktionen aufgezeigt, so dass der Einfluss der Kohärenz-Filterung noch einmal verdeutlicht wird. So beträgt die Auflösung des 5-MHz Wandlers bei der Rekonstruktion ohne Kohärenz-Filterung 410 μm während sie bei Verwendung des Kohärenz-Filters (Gleichung 5.11) auf 220 μm reduziert werden kann. Eine Übersicht über die verschiedenen Auflösungen sowie deren Abhängigkeit von der genutzten Rekonstruktion wird in Tabelle 8.1 gegeben.

Die Auflösung in elevationaler Richtung ist bei allen 3 Wandlern wesentlich schlechter, da sie sich aufgrund nicht vorhandener Fokussierung direkt aus dem natürlichen Schallfeld der

	5 MHz (L)	7,5 MHz (L)	20 MHz (L)	30 MHz (F)
Lat. PSF (μm)	220 (410)	190 (330)	130 (230)	50
Axiale PSF (μm)	130 (290)	95 (180)	65 (100)	50

Tabelle 8.1: Systemauflösung bei Verwendung unterschiedlicher Wandler. (L) bezeichnet Lineararrays, (F) fokussierte Einzelelementwandler. Werte bezeichnen die FWHM-Breite der PSF bei Beamforming-Rekonstruktion mit Kohärenz-Filterung (Auflösung ohne Filterung wird zwecks Vergleichs in Klammern aufgeführt)

einzelnen Elemente ergibt. Eine Verbesserung der Auflösung in dieser Richtung ist vor allem im Hinblick auf dreidimensionale Messungen wünschenswert und kann z.b. durch den Einsatz von akustischen Linsen erreicht werden.

8.1.1 Optoakustische Impulsantwort

Neben der Auflösung wurden bei diesen Messungen auch die Impulsantwort sowie die daraus resultierende Übertragungsfunktion des Systems bestimmt. Zur Messung der optoakustischen Impulsantwort muss ein möglichst breitbandiges Signal erzeugt werden. Dazu eignen sich sowohl Punktquellen als auch Oberflächenabsorber, wobei darauf zu achten ist, dass in ausreichender Distanz zur Quelle gemessen wird, um Nahfeldeffekte auszuschließen. Der Einfachheit halber wurde zur Bestimmung der Impulsantworten der genutzten Systeme eine Edelstahlplatte als Oberflächenabsorber verwendet. Mit diesen Messungen sollen Unterschiede zwischen der (bekannten) akustischen und der optoakustischen Übertragungsfunktion bestimmt werden.

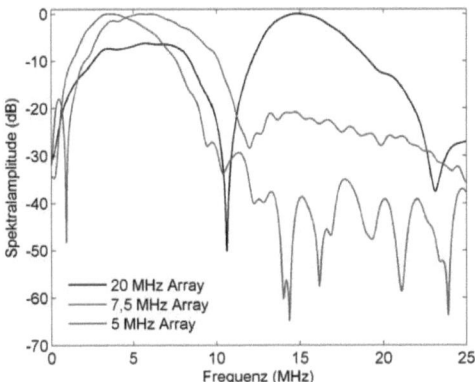

Abbildung 8.2: Optoakustische Übertragungsfunktionen von verschiedenen Lineararrays gemessen an einzelnen Elementen

Die Übertragungseigenschaften des Systems werden in hohem Maße von den akustischen Parametern des verwendeten Ultraschallwandlers bestimmt. Darüber hinaus hat der zeitliche Verlauf des Laserpulses aber ebenso einen Einfluss wie die Form des elektrischen Anregungssignals mit dem der Wandler in einem akustischen Messmodus angeregt wird. Aus diesen Gründen kann eine bekannte akustische Übertragungsfunktion nicht automatisch mit der optoakustischen gleichgesetzt werden. Die Übertragungsfunktion wurde für verschiedene Linearwandlerarrays der Frequenz 5 MHz, 7,5 MHz und 20 MHz gemessen. Abbildung 8.2 zeigt, dass die Position des spektralen Maximums der optoakustischen Übertragungsfunktion zum Teil um mehrere MHz von dem akustischen Maximum abweichen kann. Dies wird besonders bei dem hochfrequenten Wandler deutlich, da dessen Mittenfrequenz im akustischen Modus bei 20 MHz liegt, während die optoakustische Transferfunktion ein Maximum im Bereich von 15 MHz aufweist.

8.2 Phantommessungen zur Evaluierung der optoakustischen Abbildungstreue

Zur Verdeutlichung des Unterschiedes zwischen konventionellem Ultraschall und Optoakustik in Bezug auf die Abbildungseigenschaften wurden Messungen an Phantomen durchgeführt. Dazu wurden regelmäßige Strukturen aus einer Mischung von schwarzer Kunststofffarbe und PVCP angefertigt, welche mit einem 5 MHz Linearwandler und einem Nd:YAG Laser abgebildet wurden. Nähere Informationen zur Herstellung von PVCP-Phantomen werden in Abschnitt 4.2.2 gegeben. Aufgrund der Impedanz von PVCP von $Z = 1,4$ MRayl, welche der von Wasser sehr nahe kommt, erscheinen die Strukturen in den Ultraschallbildern nur mit sehr geringem SRV. Demgegenüber stehen aber die guten Abbildungseigenschaften des Ultraschalls, welche es erlauben, die Geometrie und die Orientierung der Strukturen eindeutig zu erkennen. Im Gegensatz dazu weisen die optoakustischen Bilder einen wesentlich höheren Kontrast auf, welcher durch die kaum vorhandene Absorption von Licht der Wellenlänge $\lambda = 1064$ nm in Wasser und die hohe Absorption in dem Phantommaterial bedingt ist.

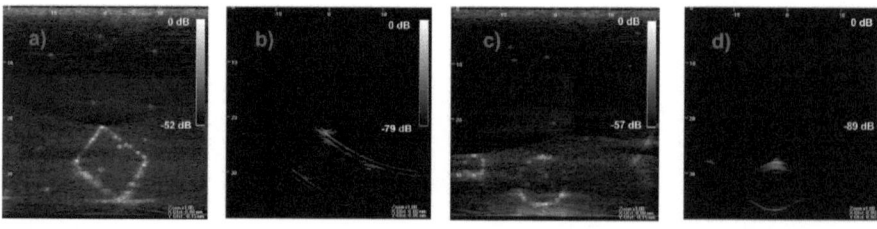

Abbildung 8.3: Messungen an PVCP-Phantomen zur Verdeutlichung der unterschiedlichen Abbildungseigenschaften von Ultraschall (Bilder a und c) und Optoakustik (Bilder b und d)

Wie schon in Abschnitt 5.3 angedeutet, liefert die Optoakustik Bilder, welche die Geometrie der Strukturen nur teilweise widerspiegeln. Während parallel zur Apertur orientierte Grenzflächen eindeutig mit hohem Kontrast in den Bildern dargestellt werden, sind kaum Informationen von Strukturen, welche in einem kleinen Winkel zur Aperturnormalen stehen, vorhanden. So ist von dem rechteckigen Phantom vor allem die dem Wandler zugewandte Ecke in den optoakustischen

Bildern sichtbar, während in der anderen Messung sowohl das Front- als auch das Rücksignal des Zylinders sichtbar sind.

8.3 Detektierbarkeit von Nanopartikeln

Neben dem Vorhandensein eines Absorptionsmaximums ist vor allem die tatsächliche Amplitude der generierten optoakustischen Signale das entscheidende Kriterium für die Einsetzbarkeit eines Partikel- oder Farbstofftyps als Kontrastmittel. Aus diesem Grund wurden im Folgenden Phantome mit unterschiedlichen Partikelkonzentrationen hergestellt, um eine Detektionsschwelle experimentell ermitteln zu können. Die gemessenen Werte wurden auf gleiche Massen- oder Partikelkonzentrationen umgerechnet um die Effizienz der Signalerzeugung bei der Verwendung der verschiedenen Partikel miteinander vergleichen zu können.

8.3.1 Detektionsschwelle

Um ein Maß für die Detektionsschwelle von Nanopartikeln zu ermitteln, wurden Phantome mit verschiedenen Partikeltypen und Konzentrationen hergestellt. Neben zwei verschiedenen Gold-Nanopartikeln (Nanorods und Nanoshells) wurden auch Magnetit-Partikel (Fe_3O_4, Durchmesser d = 25 nm) sowie PLGA-Partikel (Polylactid-co-Glycolid, GKSS Forschungszentrum Geesthacht), welche mit verschiedenen NIR-Farbstoffen beladen waren, untersucht.

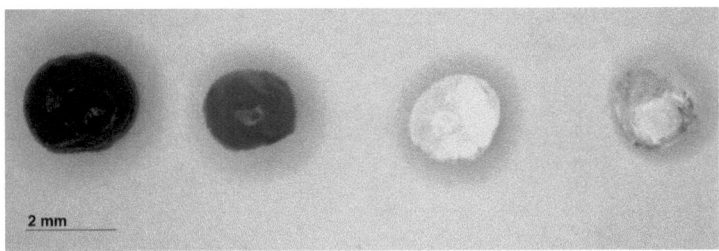

Abbildung 8.4: Alginat-Phantome mit unterschiedlichen Konzentrationen an Nanorods. Von links nach rechts: $1{,}5 \cdot 10^{12}$ /ml, $3 \cdot 10^{11}$ /ml, $3 \cdot 10^{10}$ /ml , Kontrolle (reines Alginat)

Bei der Verwendung der Partikel als funktionalisiertes Kontrastmittel sind Tumore eine geeignete Zielstruktur. Aus diesem Grund wurden die Phantome als Kugeln mit eingebetteten Partikeln in unterschiedlicher Konzentration hergestellt. Zu diesem Zweck wurden unterschiedliche Mengen an Nanopartikeln in eine Alginat-Lösung (extrahiert aus Lessonia Nigrescens, 0,5 % in NaCl-Lösung) eingerührt. Nach dem Homogenisieren der Proben in einem Ultraschallbad wurden runde Phantome durch eintropfen von 50 μl der Mischung in eine 0,5 molare $CaCl_2$-Lösung hergestellt [92]. Durch Vernetzung des Alginats entstanden innerhalb weniger Sekunden feste Gelkugeln. Zur Messung der Detektionsschwelle wurden optoakustische Signale der verschiedenen Alginat-Kugeln mit unterschiedlichen Partikelkonzentrationen mit der Geräteplattform DiPhAS aufgenommen. Bei allen Messungen wurde ein lineares Wandlerarray (5 MHz, 128 Elemente, Vermon S.A.) zur Aufnahme der erzeugten Signale eingesetzt. Die optoakustischen Signale der Nanoshell-, Magnetit, IR5 und IR26-Phantome wurden mit Hilfe des Nd:YAG Lasers bei 1064 nm erzeugt. Bei den anderen beiden Partikeltypen wurden die Messungen mit einem OPO-Lasersystem bei den Wellenlängen von 710 nm (ICG-PLGA Partikel) und bei 780 nm (Gold-Nanorods) durchgeführt. Die genutzten Strahlungsdichten wurden mit ca. 20 mJ/cm^2 (für den Nd:YAG) und ca. 6 mJ/cm^2 (für den OPO) so gewählt, dass sie in beiden Fällen ungefähr einem Wert von 20% der für diagnostische Zwecke zulässigen Obergrenze entsprechen [44]. Um die Signale auch bei geringen Konzentrationen auswerten zu können, wurden die Daten 10-fach gemittelt. Die in Tabelle 8.2 aufgeführten Werte übertreffen das SRV bei Messungen ohne Mittelung daher um den Faktor von 10 dB.

Partikeltyp	Konzentration	SRV (dB)
Nanoshells	$1 \cdot 10^8$	23
$\lambda = 1064$ nm	$1 \cdot 10^9$	48
	$5 \cdot 10^9$	65
Nanorods	$3 \cdot 10^{10}$	27
$\lambda = 780$ nm	$3 \cdot 10^{11}$	48
	$1,5 \cdot 10^{12}$	70
Magnetit	$5 \cdot 10^{11}$	/
$\lambda = 1064$ nm	$5 \cdot 10^{12}$	41
	$2,5 \cdot 10^{13}$	59
PLGA-ICG	0,2 mg/ml	24
$\lambda = 710$ nm	2 mg/ml	54
	20 mg/ml	72
PLGA-IR5	0,2 mg/ml	28
$\lambda = 1064$ nm	2 mg/ml	67
	20 mg/ml	83
PLGA-IR26	0,2 mg/ml	16
$\lambda = 1064$ nm	2 mg/ml	52
	20 mg/ml	74

Tabelle 8.2: SRV von Signalen verschiedener Alginat-Phantome mit unterschiedlicher Konzentration an Nanopartikeln. Sofern nicht anders vermerkt sind die Konzentrationen in Partikel/ml angegeben

Die Messungen haben die großen Unterschiede in der Effizienz der Signalerzeugung verschiedener Partikeltypen offensichtlich gemacht. Während Signale der Nanoshells schon bei einer geringen Konzentration von 10^8 Partikel/ml mit einem SRV in der Größenordnung von 23 dB detektierbar waren, musste die Konzentration an Nanorods ca. 300 mal höher sein, um Signale mit einem vergleichbaren SRV zu erhalten. Bei Magnetit-Partikeln konnte selbst mit einer 5000 mal höheren Konzentration noch kein messbares Signal aufgenommen werden. Dies kann jedoch zum Teil durch die Größenunterschiede der Partikel (Nanoshells: ca. 220 nm Durchmesser, Nanorods: ca. 10 nm x 50 nm, Magnetit: ca. 25 nm Durchmesser) erklärt werden, da der Absorptionsquerschnitt der Partikel, welcher in linearem Zusammenhang zu der Absorption der Suspension steht, auch von der Partikelgröße abhängig ist. Bei den PLGA-Partikeln konnten Signale bei allen Konzentrationen detektiert werden. Allerdings sind hier die Massenkonzentrationen wesentlich höher als bei den verwendeten metallischen Partikeln. Um die für die einzelnen Partikeltypen gewonnenen Erkenntnisse besser untereinander vergleichen zu können, werden im Folgenden Signal-Rausch-Verhältnisse für identische Partikel- und Massenkonzentrationen ausgerechnet. Bei der Extrapolation wird hier davon ausgegangen, dass die Signalamplitude in einem linearen Zusammenhang zu der Partikelkonzentration steht.

8.3.2 Vergleich verschiedener Partikeltypen

Um die verschiedenen Partikeltypen miteinander vergleichen zu können, wurden die in Tabelle 8.2 vorgestellten Ergebnisse extrapoliert um die Konzentrationen, welche für ein SRV von 20 dB erforderlich sind, vorherzusagen. Die berechneten Partikelkonzentrationen lassen sich jedoch nur schwer vergleichen, da die Partikel zum Teil sehr unterschiedliche Abmessungen haben. Aus diesem Grund wurden zusätzlich die Massenkonzentrationen berechnet, welche zu einem SRV von 20 dB führen, um den Einfluss der Partikelgröße zu berücksichtigen.

Die Berechnungen der Partikelkonzentrationen beruhen dabei auf einer idealen Umsetzung der Reaktionsedukte zu Nanopartikeln mit möglichst monodisperser Größenverteilung. Da dies jedoch nur eine Annäherung an die tatsächliche Größenverteilungen in den verschiedenen Partikelsuspensionen darstellt, sind auch die berechneten Werte mit einiger Unsicherheit behaftet. Nichtsdestotrotz kann die Effizienz der verschiedenen Partikeltypen durch der Vergleich der gemessenen Signalamplituden zumindest grob eingeschätzt werden.

	ICG	IR5	IR26	Nanorods	Nanoshells	Fe_3O_4
SRV	54	67	52	48	48	41
c (μg/ml)	2000	2000	2000	69	36	200
c (NP/ml)	$9,4 \cdot 10^{10}$	$9,4 \cdot 10^{10}$	$9,4 \cdot 10^{10}$	$3 \cdot 10^{10}$	10^9	$5 \cdot 10^{12}$
c (NP/ml) *	$1,8 \cdot 10^9$	$4,2 \cdot 10^8$	$2,4 \cdot 10^9$	$1,2 \cdot 10^{10}$	$7,6 \cdot 10^7$	$4,5 \cdot 10^{11}$
c (μg/ml) *	40	8,9	50	2,8	1,4	18

Tabelle 8.3: Vergleich der Effizienz verschiedener Partikelsuspensionen. Empirische Werte in den 3 oberen Zeilen. Extrapolierte Daten in den beiden letzten Zeilen (* = bei SRV von 20 dB)

In Tabelle 8.3 wird deutlich, dass Magnetitpartikel und Nanorods die Klasse an Nanopartikeln darstellen, bei der die höchste Partikelkonzentration erforderlich ist, um Signale mit dem als Referenzwert gewählten SRV von 20 dB zu erreichen. Dies kann zumindest teilweise dadurch erklärt werden, dass diese Partikel wesentlich kleinere Abmessungen aufweisen (10-50 nm gegen 200-300 nm bei Nanoshells und PLGA-Partikeln). Bei Vergleichbar großen Partikeln wird jedoch der Vorteil von plasmonischen Partikeln gegenüber Farbstoffen deutlich, da bei der Verwendung der PLGA-Partikel 5 bis 40-fach höhere Konzentrationen erforderlich sind, um vergleichbare Signalamplituden zu erzeugen. Die niedrige Absorption der Nanorods (bei fester Konzentration in Partikeln/ml) ist jedoch durch deren geringe Größe bedingt, was bei der Betrachtung der Massenkonzentration ersichtlich wird. Auf die Partikelmasse bezogen stellen sie

zusammen mit den Nanoshells die effizientesten Partikel dar und können zumindest theoretisch bei Konzentrationen von 1-3 µg/ml mit 20 dB SRV detektiert werden, während bei den anderen Kontrastmitteln hierfür zwischen 9 und 50 µg/ml notwendig sind.
Insgesamt bestätigen die Messungen den Eindruck, dass plasmonische Partikel generell die effizienteren optoakustischen Kontrastmittel sind. Allerdings weisen die genutzten polymerbasierten Partikel im Gegensatz zu Magnetitpartikeln den Vorteil von schmaleren Absorptionsbanden auf, wodurch eine Auswertung mit einer multispektralen Herangehensweise möglich wird.

8.4 Multispektrale Phantommessungen

Um den in Abschnitt 5.5 entwickelten und erfolgreich an simulierten Daten getesteten Algorithmus zur multispektralen optoakustischen Bildgebung auf seine Praxistauglichkeit zu untersuchen, wurden multispektrale Phantommessungen durchgeführt. Dazu wurden 3 sphärische Alginatphantome mit Kontrastmitteln unterschiedlicher optischer Eigenschaften hergestellt. Zwei der Phantome wurden mit verschiedenen Konzentrationen an Gold-Nanorods versetzt, während die hohe Absorption in dem dritten Phantom durch PLGA-ICG Partikel hervorgerufen wurde. Die im Vorfeld der optoakustischen Messung aufgenommenen Absorptionsspektren wurden zur Festlegung der verwendeten Wellenlängen genutzt.

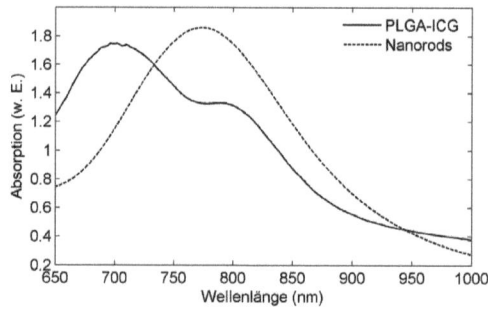

Abbildung 8.5: NIR-Absorptionsspektren von Gold-Nanorods und ICG/PLGA Partikel

Die Signale wurden mit einem 5 MHz Linearwandlerarray (Vermon S.A., Frankreich) aufgenommen und mit der Ultraschallforschungsplattform DiPhAS verstärkt und digitalisiert. Zur Erzeugung der Signale wurde das schon beschriebene OPO Lasersystem bei zwei verschiedenen Wellenlängen (710 und 780 nm) genutzt. Die Signalamplituden wurden mit den wellenlängenabhängigen Pulsenergien, welche im Vorfeld in einer Kalibriermessung aufgenommen wurden, gewichtet. Durch die multispektrale Auswertung konnten die Alginatkugeln in denen sich Nanorods befinden von denen mit PLGA-Partikeln unterschieden werden. Die Auswertung zeigt, dass der Algorithmus Strukturen mit bekannten optischen Eigenschaften auch bei geringem SRV identifizieren kann. Die beiden Alginatkapseln auf der linken Seite der Abbildung 8.6 sind beide mit Goldnanorods angereichert, wobei die Konzentration in der linken bei 1,5 · 10^{12} /ml liegt, während in der mittleren nur 3 · 10^{11} Partikel/ml vorhanden sind. Nichtsdestotrotz werden beide Kapseln durch den Algorithmus eindeutig den Gold-Nanorods zugeordnet.

Die Vorteile einer solchen multispektralen Auswertung sind zweierlei, da neben dem Aspekt der Selektivität auch ein höherer Bildkontrast gegeben ist. Obwohl die partikelbeladenen Alginatkapseln in den konventionellen optoakustischen Bildern nur mit relativ geringem Kontrast vor dem Rauschhintergrund erscheinen, können sie nach der multispektralen Auswertung gemäß der Gleichungen 5.15 sicher identifiziert und mit weit höherem SRV dargestellt werden.

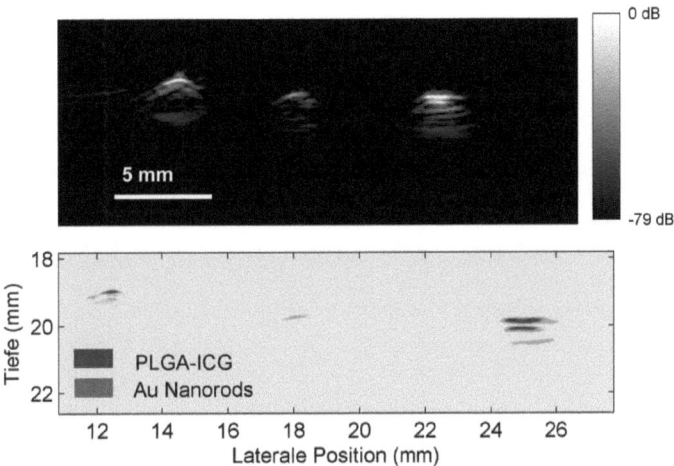

Abbildung 8.6: Multispektrale Messung an Alginatphantomen mit ICG-PLGA-Nanopartikeln und Nanorods. Optoakustisches Bild bei Messung mit 780 nm (oben) und multispektrales Bild nach Anwendung des Algorithmus gemäß Gleichung 5.14 (unten)

Die Abbildungseigenschaften der optoakustischen Bildgebung wurden in diesem Kapitel an Phantomen charakterisiert. Die Auflösung des auf der DiPhAS-Plattform basierenden Systems konnte dabei zu Werten im Bereich von 130 bis 220 μm bestimmt werden. Darüber hinaus konnten spezifische Merkmale der optoakustischen Bildgebung (Abbildung von optischen Grenzflächen), welche bereits in Kapitel 4 an digitalen Phantomen beobachtet wurden, auch experimentell verifiziert werden. Ein weiterer Aspekt dieses Kapitels lag in der Bestimmung von Detektionsschwellen für Nanopartikel. Verschiedene Messungen an unterschiedlichen nanopartikelbeladenen Phantomen haben gezeigt, dass bereits bei Partikelmengen in der Größenordnung von 10^9 ml^{-1}, welche Konzentrationen im picomolaren Bereich entsprechen, und realistischen Laserpulsenergien messbare Signale detektiert werden können. Durch die Normierung der Signalamplituden der verschiedenen Phantome auf eine gemeinsame

Partikelkonzentration, konnten die an Gold-Partikeln gemessenen Daten zu denen von anderen nicht-plasmonischen Kontrastmitteln in Bezug gesetzt werden. Dabei wurde bestätigt, dass Goldpartikel bei gleicher Massenkonzentration höhere Absorptionseigenschaften aufweisen als beispielsweise Polymer- oder Magnetitpartikel.

Die bisher nur an synthetischen Daten angewendeten Algorithmen zur Multispketralen Bildgebung konnten ebenfalls erfolgreich an experimentellen Daten getestet werden, so dass Phantome mit ICG-PLGA-Partikeln und mit Gold-Partikeln anhand der Signalamplituden bei verschiedenen Wellenlängen voneinander unterschieden werden konnten.

Alle in diesem Kapitel vorgestellten Messungen wurden an Phantomen durchgeführt, so dass einige in präklinischen und klinischen Situationen auftretende Effekte außer Acht gelassen wurden. Zum einen wurden alle Messungen in Wasserbecken durchgeführt, wodurch homogene akustische und optische Eigenschaften vorherrschten. Im Gegensatz dazu sind die optischen und akustischen Eigenschaften bei *in-vivo*-Messungen in hohem Maße inhomogen, wodurch es vermehrt zu optischen und akustischen Streu- und Reflexionsvorgängen kommt. Daher sind die hier in Phantommessungen erzielten Ergebnisse nur teilweise auf anwendungsnahe Messsituationen übertragbar. Aus diesem Grund soll im nächsten Kapitel untersucht werden, inwiefern optoakustische Signale absorbierender Nanopartikel in Szenarien, welche näher an einem tatsächlichen (prä-)klinischen Einsatz liegen, detektierbar sind. Dazu werden neben *ex-vivo*-Versuchen auch erste *in-vivo*-Messungen am Kleintiermodell durchgeführt.

Kapitel 9

Präklinische Versuche zur kontrastverstärkten Optoakustik

In Kapitel 8 konnte anhand von Phantommessungen eine erste Abschätzung für die optoakustische Detektierbarkeit von nanoskaligen Goldpartikeln gewonnen werden. Bei diesen Messungen wurde allerdings der Effekt der Einbettung der Partikel in biologisches Gewebe vernachlässigt. Die starke optische Streuung in Gewebe mindert die Strahlungsdichte am Ort der Nanopartikel, da Licht, welches in oberen (Haut-)Schichten absorbiert oder gestreut wird, nicht mehr zur optoakustischen Signalerzeugung an den Partikeln zur Verfügung steht. Die im letzten Abschnitt vorgestellten Berechnungen und Messungen erlauben daher nur eine grobe Abschätzung der Größenordnung von detektierbaren Partikelkonzentrationen. In diesem Kapitel soll daher der Übergang von reinen Phantommessungen hin zu einem Szenario, welches dem (prä-)klinischen Einsatz von Nanopartikeln als optoakustisches Kontrastmittel näher kommt, bewerkstelligt werden. Zu diesem Zweck wurden in einer ersten Phase *ex-vivo*-Messungen am Mausmodell durchgeführt, um die Detektierbarkeit von Nanopartikeln in einer realistischeren Messumgebung nachzuweisen. Erste *in-vivo*-Untersuchungen zur kontrastverstärkten molekularen optoakustischen Bildgebung werden ebenfalls vorgestellt.

9.1 Optoakustische Detektion von Gold-Nanopartikeln *ex-vivo* am Mausmodell

Bei der Messung von optoakustischen Signalen der mit Nanopartikeln beladenen Phantome in Kapitel 8.3 wurde der Einfluss von streuendem oder absorbierendem Gewebe nicht berücksichtigt. Die Messungen bestätigten, dass auch bei geringer Konzentration von Nanopartikeln im picomolaren Bereich und Laserstrahlungsdichten im Bereich der diagnostisch zugelassenen Grenzwerte detektierbare optoakustische Signale generiert werden. Um den Einfluss des Gewebes mit einzubeziehen, werden im vorliegenden Kapitel Ergebnisse von Messungen mit *ex-vivo* implantierten Gelkugeln vom Durchmesser weniger Millimeter vorgestellt. Diese wurden aus Polyacrylamid (PAA) hergestellt, indem eine Lösung aus den Monomeren Acrylamid und Bis-Acrylamid in hochreinem Wasser angesetzt wurde. Verschiedene Versuchsreihen haben ergeben, dass ein Verhältnis von 240 mg Acrylamid zu 12 mg Bis-Acrylamid in 550 μl Wasser die optimale Mischung zur Erzeugung kleiner kugelförmiger Phantome darstellt. Die Polymerisationsreaktion wurde durch die Zugabe von 12 μl einer 2-prozentigen APS-Lösung (Ammoniumpersulfat) sowie von 5 μl einer 20-prozentigen TEMED-Lösung (Tetramethylethylendiamin) gestartet. Die Nanopartikel wurden der Monomer-Lösung vor der Zugabe der Starter in der gewünschten Menge beigefügt. Direkt nach der Zugabe der Starter wurde die Mischung tröpfchenweise in Silikonöl gegeben, wo sie aufgrund der ähnlichen Dichte aber der unterschiedlicher Polarität beider Flüssigkeiten ihre kugelförmige Geometrie beibehält und innerhalb weniger Sekunden auspolymerisiert. Die so hergestellten Kugelphantome wurden dann als tumorimitierende Struktur *ex-vivo* unter die Hautoberfläche einer Maus implantiert. Dadurch soll das Szenario der präklinischen molekularen Bildgebung von subkutanen „Xenografts" überprüft werden. Bei einer entsprechenden Funktionalisierung der Nanopartikel sollen diese vorzugsweise in dem Xenograft akkumulieren, so dass sie bei ausreichender Konzentration optoakustisch nachweisbar wären. Bei der Herstellung der Gelkugeln wurden Gold-Nanoshells in einer Menge zugegeben, die zu einer Konzentration von $5 \cdot 10^9$ ml^{-1} in den Phantomen führte. Die Messung wurde mit einem linearen 7,5 MHz Wandler und einem Nd:YAG Laser bei einer Pulsenergie von ca. 20 mJ (20% des als unbedenklich eingestuften Maximalwertes) durchgeführt. Die PAA-Kugel ist sowohl in den rein akustischen als auch in den optoakustische Bilddaten nachweisbar. Allerdings kann sie in dem Ultraschallbild nur anhand ihrer runden Geometrie wiedergefunden werden, da die Signalamplitude keine Differenzierung zulässt. Im Gegenteil dazu, stellen die laserinduzierten Ultraschallwellen, welche auf die PAA-Kugel und somit auf die Nanoshells zurückgehen, in dem optoakustischen Datensatz die einzig nennenswerten Signale dar. Zur Interpretation der Bilddaten muss auch hier berücksichtigt werden, dass Querschnitte durch homogene runde Strukturen in optoakustischen Bildern nicht als Kreise sondern vielmehr als zwei getrennte Kreisbögen auf der dem Wandler zu- und abgewandten Seite der Signalquelle erscheinen.

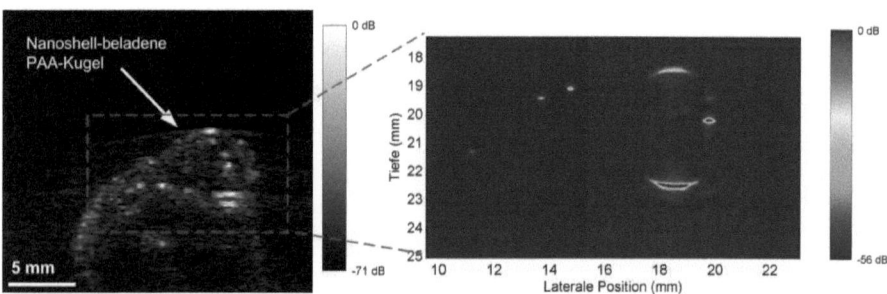

Abbildung 9.1: Akustisches Querschnittsbild (links) und optoakustische Detailaufnahme (rechts) durch die implantierte PAA-Kugel

Neben der PAA-Kugel stellen kleine Blutgefäße die einzigen nachweisbaren optoakustischen Signalquellen dar. Querschnitte durch die Gefäße sind links der PAA-Kugel als kleine rundliche Strukturen, welche sich direkt unter der Hautoberfläche befinden, zu erkennen.
Um die Messergebnisse einschätzen zu können, muss die Menge an vorhandenen Nanopartikeln mit der Menge an Partikeln verglichen werden, welche in bereits publizierten *in-vivo* Versuchen injiziert wurde. In [40] und [93] werden Mengen zwischen 0,8 und $3 \cdot 10^9$ Nanoshells pro Gramm Körpergewicht injiziert. Bei einem durchschnittlichen Gewicht von 20 g entspricht dies Dosen von 1,6 bis $6 \cdot 10^{10}$ Nanoshells. Bei den hier verwendeten Tumormodellen wurden Nanoshells in einer Konzentration von ca. $5 \cdot 10^9$ Nanoshells/ml verwendet, was bei einem Kugelvolumen von 100 μl einer Menge von $5 \cdot 10^8$ Partikeln entspricht, bzw. zwischen 0,8 und 3,2% der in vergleichbaren *in-vivo*-Versuchen applizierten Partikelmenge. Besonders im Hinblick auf eine mögliche Funktionalisierung der Partikel mit biologischen Markermolekülen sowie durch die vermehrte Anlagerung von Nanopartikeln in tumorösem Gewebe aufgrund des EPR-Effektes [41], scheint es durchaus realistisch, dass sich ein Partikelanteil im niedrigen einstelligen Prozentbereich im Zielgewebe anlagert und somit zur selektiven Kontrastverstärkung beiträgt.
Eine weitere Annäherung an den *in-vivo*-Einsatz der Nanoshells als Kontrastmittel besteht darin diese in unterschiedlichen Konzentrationen direkt in Gewebe zu injizieren. Während die Konzentration bei dem schon beschriebenen Versuch auf Grund der Einbettung in die PAA-Kapsel genau bekannt ist, kann die Konzentration bei der direkten Injektion durch Diffusionsprozesse verringert werden. Zu diesem Zweck wurde in einem zweiten *ex-vivo*-Versuch die Detektierbarkeit von Nanoshells nach Injektion in das Knie einer Maus untersucht. Die Applikation in das Knie wurde gewählt, da dieser Versuch im Rahmen von Untersuchungen zur Eignung der optoakustischen Bildgebung zur Darstellung der entzündlichen Arthritis durchgeführt wurde. Zu diesem Zweck wurden geringe Volumina einer Partikelsuspension (10 μl) mit Konzentrationen zwischen 10^8 und 10^{11} Partikeln/ml injiziert. Aufgrund der geringeren Strukturgrößen und der höheren benötigten Auflösung ist auf ein anderes Bildgebungssystem ausgewichen worden. Zur Signalerzeugung wurde zwar nach wie vor ein 1064 nm Nd:YAG Laser genutzt, jedoch wurden die entstehenden Signale mit einem einelementigen fokussierten 25 MHz Wandler (V324, Panametrics) aufgenommen. Die zweimal gemittelten Daten wurden nach der 60 dB Analogverstärkung (Panametrics 5800) mit einer Digitalisierungsrate von 400 MHz aufgezeichnet. Zur Aufnahme von zwei- und dreidimensionalen Datensätzen wurde der Ultraschallwandler mit einer mechanischen Scanvorrichtung (M-ILS100-CC, Newport) verfahren.
Wie erwartet stellte sich in den Messungen eine starke Abhängigkeit der optoakustischen Signalamplituden von der Konzentration der injizierten Partikelsuspension heraus. Um eine Aussage über die Möglichkeit der Detektion der Nanopartikel zu treffen, wurden die Signale vor und nach Injektion der Suspension miteinander verglichen. Aufgrund der mit der Injektion verbundenen Umlagerung der Maus war keine eindeutige Zuordnung der Signale in den vor und nach der Injektion aufgenommenen Datensätzen möglich. Aus diesem Grund wurde eine statistische Art der Auswertung gewählt, bei der die Bereiche, in welche die Suspension injiziert

wurde, manuell in den Bilddaten segmentiert wurden. In den ausgewählten Bereichen wurden die Signalsamples pro Amplitudenbereich gezählt, so dass eine Aussage über die Häufigkeit von Signalen hoher Amplitude in den jeweiligen Datensätzen möglich wurde.

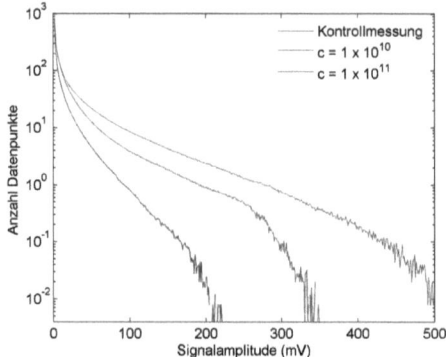

Abbildung 9.2: Statistische Auswertung der Messung bei *ex-vivo*-Injektion von Nanoshellsuspensionen unterschiedlicher Konzentration. Die Anzahl der Datenpunkte wurde auf 10000 Punkte normiert

Da die Nanopartikel den lokalen Absorptionskoeffizienten am Ort der Injektion erhöhen und dieser direkt proportional zur Signalamplitude ist, müssen in den Datensätzen, welche nach der Injektion aufgenommen wurden, mehr Signale höherer Amplitude als in den vor der Injektion aufgenommenen vorhanden sein. Dieser Sachverhalt wird in Abbildung 9.2 deutlich, in der die Ergebnisse der Auswertung von optoakustischen Datensätzen, welche nach der Injektion unterschiedlicher Mengen an Nanoshells aufgenommen wurden, dargestellt werden. Die Anzahl der Datenpunkte, welche einer hoher Signalamplitude entsprechen, steigt mit der Menge an injizierten Partikeln. Eine weitere Vergleichsmessung hat gezeigt, dass die Unterschiede bei niedrigeren Partikelmengen geringfügiger ausfallen. Während sich das Signal nach der Injektion von 10 µl einer Suspension mit 10^9 Nanoshells/ml noch geringfügig von der Kontrolle unterscheidet, kann bei einer noch geringeren Konzentration von 10^8 Nanoshells/ml keine Abweichung der Signalamplituden mehr nachgewiesen werden. Der Zusammenhang zwischen der Menge an injizierten Nanoshells und der Amplitude der optoakustischen Signale wird auch direkt in den Bilddaten ersichtlich.

In Abbildung 9.3 sind optoakustische Querschnittsbilder dargestellt, welche nach Injektion verschiedener Mengen an Nanoshells aufgenommen wurden. Die bei allen Bildern genutzte identische Farbskala verläuft von Blau (niedrigster Signalwert) bis Rot (höchster Signalwert). Die in allen drei Bildern vorhandene horizontale Struktur in der Nähe des unteren Bildrandes geht auf die Bodenplatte des Versuchsaufbaus zurück.

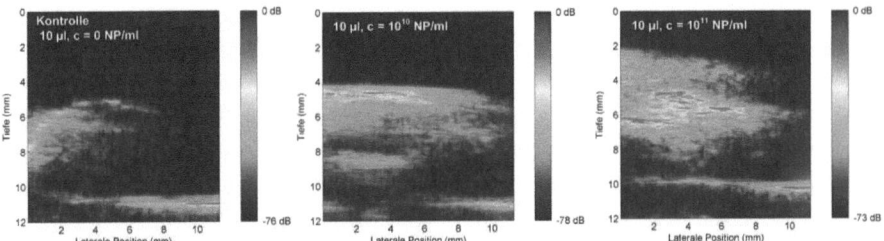

Abbildung 9.3: Optoakustische *ex-vivo*-Messungen nach Injektion von Nanoshellsuspensionen unterschiedlicher Konzentration

9.2 Erste *in-vivo*-Ergebnisse - intratumorale Injektion

Zur *in-vivo*-Validierung der kontrastverstärkten optoakustischen Bildgebung wurden Messungen am Mausmodell (athymische Maus mit Xenotransplantat) im Rahmen des europäischen Forschungsprojektes ADONIS [94] zusammen mit dem Partner ICR (Institute of Cancer Research, Sutton, UK) durchgeführt. Dabei wurde die Detektierbarkeit geringer Mengen an Gold-Nanoshells nach intratumoraler Injektion untersucht. Zu diesem Zweck wurden 50 μl einer Nanoshellsuspension der Konzentration $c = 10^9$ NP/ml in einen subkutanen Xenograft-Tumor aus A2780 Zellen (Ovarialkarzinomzellinie) injiziert. Zur Detektion der Nanopartikel wurde das DiPhAS-System mit dem schon beschriebenen 20 MHz Wandler und einem Nd:YAG Laser bei dessen Grundwellenlänge von 1064 nm genutzt.

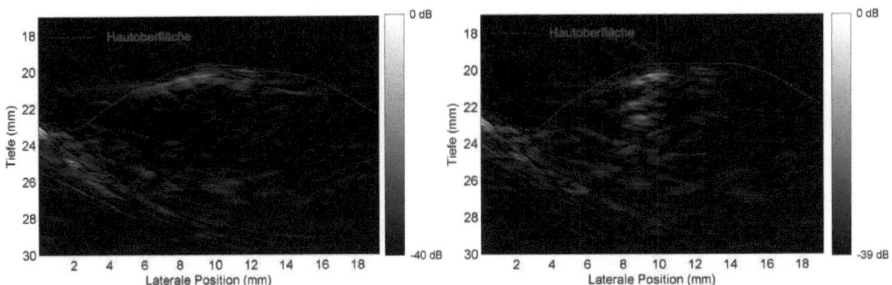

Abbildung 9.4: Optoakustisches Querschnittbild eines Xenografts vor der Injektion von Kontrastmitteln (links) sowie nach der der Injektion von 50 μl einer Nanoshellsuspension mit 10^9 NP/ml (rechts). Gleiche Grauwertskala bei beiden Bildern

In Abbildung 9.4 findet sich eine Gegenüberstellung von optoakustischen Bildern, welche vor und nach der Injektion der Partikel aufgenommen wurden. Zum besseren Verständnis der Geometrie wurde die Hautoberfläche manuell in den Bildern eingefügt. In den Daten, welche vor der Injektion der Partikel aufgenommen wurden, werden lediglich in der oberen Hautschicht über dem Tumor optoakustische Signale generiert. Diese Signale erscheinen nach der Rekonstruktion der Daten als helle Regionen unter der Hautoberfläche in der linken Darstellung in Abbildung 9.4. Im Gegensatz dazu, können nach der Injektion Signale in einer Tiefe von bis zu 4 mm unter der Hautoberfläche detektiert werden. In diesem Bereich liegt die Kontrasterhöhung durch die Zugabe der Nanoshells im Größenbereich von ca. 9 dB. Dieser kann durch die Verwendung einer Beamforming-Rekonstruktion mit zusätzlicher Kohärenzgewichtung auf bis zu ca. 22 dB erhöht werden. Die unterschiedlichen in diesem Kapitel vorgestellten Messergebnisse haben aufgezeigt, dass nanopartikuläre Kontrastmittel schon in geringen Konzentrationen mit einem optoakustischen Bildgebungssystem detektierbar sind. Bei der direkten Injektion des Kontrastmittels hat sich eine Konzentration im picomolaren Bereich in der Größenordnung von 1-2 pmol (entspricht ca. 10^9 NP/ml) bei dem verwendeten Partikeltyp als Schwellwert für die Detektierbarkeit sowohl in *ex-vivo* als auch in *in-vivo*-Versuche erwiesen. Allerdings wurde dabei die Verteilung des Kontrastmittels im Körper aufgrund der Interaktion mit dem Immunsystem nicht berücksichtigt, da die Partikel direkt in das untersuchte Gewebe injiziert wurden. Hierbei gilt es jedoch zu beachten, dass in den vorliegenden Versuchen nur ein Bruchteil (je nach Versuch < 1 % bis 3 %) der in vergleichbaren in der Fachliteratur publizierten Arbeiten injizierten Menge an Partikeln gegeben wurde.

9.3 *in-vivo*-Validierung der optoakustischen molekularen Bildgebung

Zur Validierung der optoakustischen molekularen Bildgebung wurden *in-vivo* Versuche zum Nachweis einer Collagen-induzierten Arthritis (CIA-Arthritis) am Kniegelenk der Maus in Kooperation mit der Abteilung für Rheumatologie (Kerckhoff-Klinik, Bad Nauheim) durchgeführt. Bei dieser Erkrankung tritt in dem betroffenen Gewebe eine Überexpression des Tumornekrosefaktors-α (TNF-α) auf, welcher primär als Typ-2-Transmembranprotein vorkommt [95] und später durch proteolytische Spaltung in aktives lösliches sTNF umgewandelt wird [96]. Das Ziel des Versuchs lag in dem Nachweis des mit der Entzündungsreaktion verbundenem erhöhtem TNF-Vorkommens in der Gelenkregion. Zu diesem Zweck wurde an 5 Tieren jeweils ein Kniegelenk mit optoakustischer Bildgebung dargestellt, wobei neben 3 erkrankten Tieren auch 2 gesunde Kontrolltiere untersucht wurden. In Abbildung 9.5 ist der untersuchte Bereich des Kniegelenkes markiert. Die Kniescheibe und der Unterschenkelknochen wurden dabei als Referenzpunkte genommen, um eine reproduzierbare Lagerung zu ermöglichen. Als Kontrastmittel wurden Goldnanorods aus eigener Synthese, deren Absorptionsmaximum auf ca. 1064 nm eingestellt wurde (siehe Abb. 7.5), eingesetzt. Die Partikel wurden nacheinander mit HS-PEG-NH$_2$ (5 kDa) und NHS-PEG-MAL (5 kDa) modifiziert, um die biologische Verträglichkeit durch das Entfernen der CTAB-Oberflächenbeschichtung zu verbessern sowie um eine Schnittstelle für die Antikörperkopplung zu schaffen. In einem weiteren Schritt wurden die Partikel mit dem gegen TNF-α gerichteten Antikörper Infliximab (Remicade®, Centocor Inc.) modifiziert.

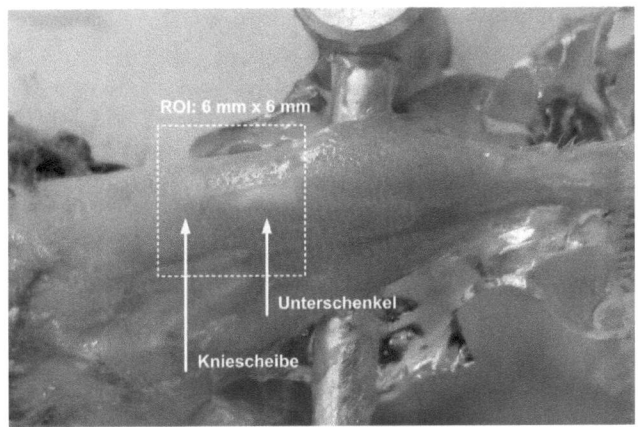

Abbildung 9.5: Untersuchte „Region of Interest" (ROI) mit anatomischen Merkmalen Kniescheibe und Unterschenkel

Eine genaue Beschreibung der einzelnen Schritte bei der PEGylierung und Antikörperkopplung von Nanopartikeln ist in Abschnitt 7.3.1 zu finden. Als unspezifische Kontrollpartikel wurden mit HS-mPEG (5 kDa) modifizierte Goldnanorods eingesetzt. Die Partikel wurden vor der Injektion in die Schwanzvene mit einem Cellulose-Filter mit 450 nm Porengröße gefiltert, um eventuell vorhandene agglomerierte Partikel zu entfernen. Die eigentliche Untersuchung wurde mit einem hochauflösenden System zur kombinierten optoakustischen und akustischen Bildgebung durchgeführt. Zur Aufnahme der Daten wurde ein fokussierter Einzelelementwandler mit 30 MHz Mittenfrequenz, ca. 50 μm lateraler Fokusbreite und 5,4 mm Fokusabstand eingesetzt. Die erreichbare Bildqualität wird in den verschiedenen Projektionsbildern in Abbildung 9.6 veranschaulicht.

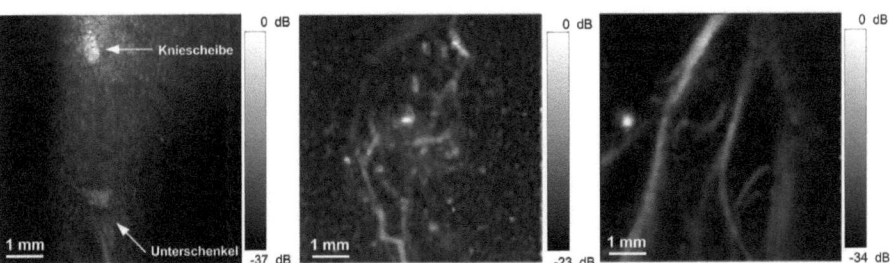

Abbildung 9.6: Ultraschallbild (linkes Bild, Maus $G1$) sowie verschiedene optoakustische Bilder der Gelenkregion (mittleres Bild: vor Injektion bei Maus $K2$, rechtes Bild: 1h nach Injektion bei Maus $K1$)

Hierbei wird deutlich, dass vor bzw. kurz nach der Injektion von Nanopartikeln hauptsächlich die Vaskularisierung in den optoakustischen Bildern dargestellt wird, sofern eine Wellenlänge von 1064 nm genutzt wird. In dem Ultraschallbild der Knieregion werden darüber hinaus die für die Definition der ROI relevanten anatomischen Strukturen (Knieschiebe und Unterschenkel) deutlich. Die aufgenommenen Signale wurden mit einer Abtastrate von 800 MSamples/s digitalisiert und im binären GRB-Format gespeichert. Die in Kapitel 7 vorgestellten optimierten Synthesemethoden für Goldnanorods haben es dabei ermöglicht einen Nd:YAG-Laser bei der Grundwellenlänge von 1064 nm zur Erzeugung der optoakustischen Signale einzusetzen. Die Laserpulse wurden dazu in ein optisches Faserbündel eingekoppelt, welches das Licht durch eine Ringoptik fokussierte. Bei einer Pulsenergie von ≤ 1 mJ und einer Fokusfläche von ca. 0,4 cm^2 blieb die optische Strahlungsdichte im unteren einstelligen Prozentbereich der für diagnostische Zwecke zugelassenen Strahlungswerte. Optoakustische und akustische Messungen wurden vor und nach (1 h und 15 h) der Injektion von 200 μl der Nanopartikelsuspension durchgeführt. Da Partikel aus eigener Synthese eingesetzt wurden, ist keine genaue Konzentrationsangabe möglich. Unter der Voraussetzung einer vollständigen Umsetzung der Edukte zu Nanorods kann jedoch eine Obergrenze für die mögliche Nanorodkonzentration in der injizierten Lösungen in der Größenordnung von $5 \cdot 10^{13}$ Partikel/ml abgeschätzt werden, was vergleichbar mit der einzig bekannten weiteren Studie [38] ist, bei der Goldnanorods als optoakustisches Kontrastmittel eingesetzt wurden. Die Tiere wurden während der Messung durch die Verabreichung eines Isofluran-Sauerstoff-Gemisches in Narkose gehalten und mit einer IR-Lampe beleuchtet, um ein Auskühlen zu verhindern. Vor jeder optoakustischen Messung wurde ein Projektionsbild der Gelenkregion mittels Ultraschall gewonnen, um eine reproduzierbare Lagerung zu bestätigen und die „Region of Interest" für die optoakustische Untersuchung zu definieren. In der Tabelle 9.1 sind die an den verschiedenen Tieren durchgeführten Messungen zusammengefasst. Um eine Aussage über das Vorhandensein von Nanorods in der ROI zu ermöglichen, wurden sowohl xy-Projektionen der 3D-Daten angefertigt als auch statistische Datensätze, in denen die Häufigkeit von Voxeln gegen deren Amplitude aufgetragen wurde.

Name	vor Injektion	nach 1h	nach 15h	Kontrollpartikel	Antikörper
gesund1 (G1)	ja	nein	ja		X
gesund2 (G2)	ja	nein	ja	X	
krank1 (K1)	ja	ja	ja	X	
krank2 (K2)	ja	ja	ja		X
krank3 (K3)	ja	nein	ja		X

Tabelle 9.1: Injizierter Partikeltyp und durchgeführte optoakustische Messungen bei den verschiedenen Tieren

Der Vergleich von Projektionsbildern, welche zu unterschiedlichen Zeitpunkten aufgenommen wurden, erlaubt Rückschlüsse über den Verbleib der Nanorods. Dies soll im Folgenden beispielhaft an zwei erkrankten (K1 und K2) Tieren aufgezeigt werden. Dem ersten Tier wurden hierbei Kontrollpartikel (mPEG-Nanorods) injiziert, während dem zweiten Tier 200 μl des molekularen Kontrastmittels (Infliximab-Nanorods) gegeben wurden. In Abbildung 9.7 wird deutlich, dass keine verstärkte Anlagerung der Nanopartikel in dem Zielgewebe bei der Injektion von PEGylierten und somit unspezifischen Nanorods stattfindet. Eine Stunde nach der Injektion der Partikel wurden optoakustische Signale mit Amplituden, welche weit über den vor der Injektion gemessenen Werten liegen, aufgenommen. Dies ist darauf zurückzuführen, dass der

Absorptionskoeffizient des Blutes durch die Injektion der Partikel erhöht wurde und die Partikel zu diesem Zeitpunkt noch nicht aus dem Gefäßsystem herausgefiltert wurden. Demgegenüber sind die optoakustischen Signalamplituden nach 15 Stunden wieder auf den ursprünglichen vor der Injektion gemessenen Wert abgefallen. Neben den Maximalwerten der Farbskalen (200 vor Injektion, 600 nach 1h, 220 nach 15h) wird die Vermutung, nach der sich die Nanorods nach einer Stunde hauptsächlich in den Blutgefäßen befinden, auch durch die Tatsache bestätigt, dass die Gefäßanatomie zu diesem Zeitpunkt in den optoakustischen Daten besonders offensichtlich wird. Dies stimmt auch mit weiteren Untersuchungen [91][93] zum Verbleib von Gold-Nanopartikeln nach intravenöser Injektion überein.

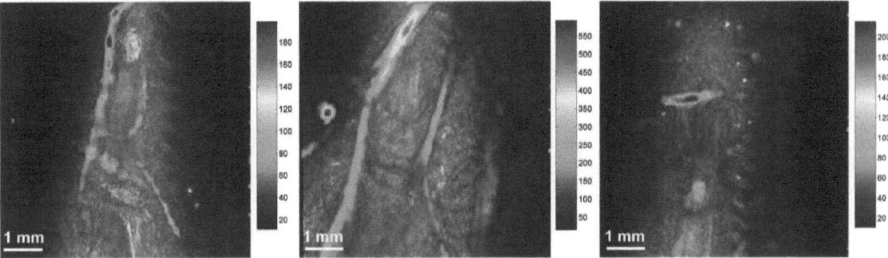

Abbildung 9.7: Optoakustische Bilder vor dem Hintergrund einer akustischen Mittelwertprojektion. Die Daten wurden an einem erkrankten Tier ($K1$) vor, sowie 1 h und 15 h nach der Injektion von Kontrollpartikeln (mPEG-Nanorods) aufgenommen

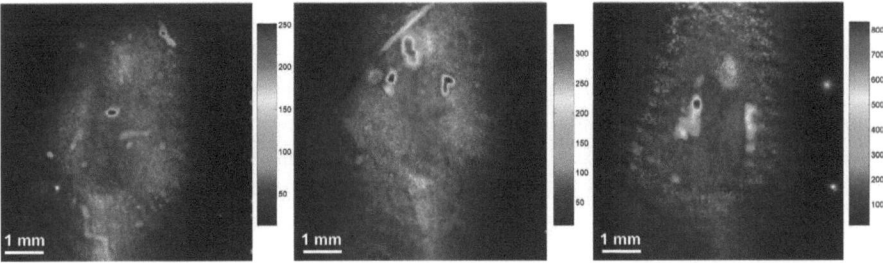

Abbildung 9.8: Optoakustische Bilder vor dem Hintergrund einer akustischen Mittelwertprojektion. Die Daten wurden an einem erkrankten Tier ($K2$) vor, sowie 1 h und 15 h nach der Injektion von antikörper-markierten Partikeln (Infliximab-Nanorods) aufgenommen

Das unterschiedliche Verhalten von spezifischen und unspezifischen Nanorods wird besonders durch den Vergleich von Abb. 9.7 mit den in Abb. 9.8 vorgestellten Ergebnissen deutlich. Bei der Injektion von antikörper-markierten Partikeln ist nach einer Stunde ebenfalls eine Erhöhung der Signalamplituden zu erkennen. Im Gegensatz zu dem Versuch mit PEGylierten Partikeln steigen die Signalamplituden jedoch weiter an, so dass die maximalen Signalamplituden nach 15 Stunden die vor der Injektion gemessenen Werte um einen Faktor 3-4 übertreffen. Darüber hinaus sind die stärksten optoakustischen Signale genau in der Geweberegion lokalisiert, in der die athritische Entzündungsreaktion am heftigsten ausgefallen ist und in der somit auch die höchste Konzentration an TNF-α erwartet werden kann. Diese Region kann auch in den Ultraschallbildern erkannt werden, da das Gewebe unterhalb der Kniescheibe einen dunkleren Grauton aufweist. Dieser kommt durch die entzündungsbedingte Einlagerung von Flüssigkeit, welche aufgrund des geringeren akustischen Echos zu niedrigeren akustischen Signalamplituden in der Gelenkregion führt, zustande. Alle Ergebnisse werden nochmals in Abb. 9.9, in der Projektionsbilder von allen Messungen vor und nach der Injektion mit identischer Grauwertdynamik von 30 dB dargestellt sind, zusammengefasst.

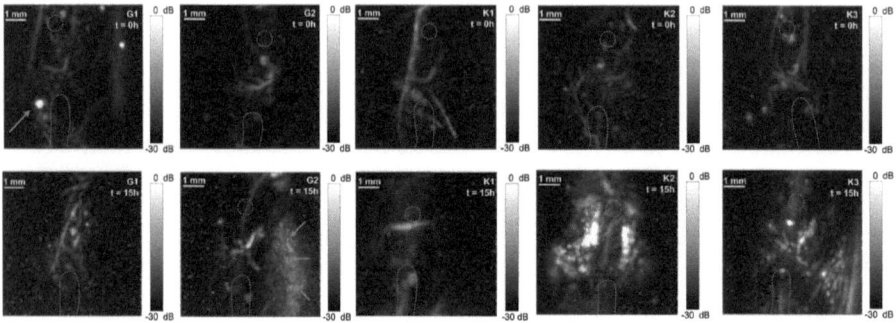

Abbildung 9.9: Vergleich der optoakustischen Projektionsbilder vor der Injektion (t=0h, oberer Reihe) und nach der Injektion (t=15h, untere Reihe) bei allen Tieren. Konturen der anatomische Merkmale (Patella, Tibia) wurden durch Ultraschallmessungen lokalisiert und sind mit Linien gekennzeichnet. Oberflächenartefakte sind durch Pfeile gekennzeichnet

Neben der graphischen Auswertung erlaubt auch die statistische Auswertung der dreidimensionalen Datensätze in Bezug auf die Aufteilung der Voxel in verschiedene Amplitudenbereich eine Aussage über den Verbleib des Kontrastmittels. Zu diesem Zweck wurden die dreidimensionalen optoakustischen Datensätze nach Median- und Amplitudenfilterung auf eine einheitliche Voxelgröße von 50 μm x 50 μm x 50 μm umgerechnet. Aus diesen Daten wurde für jede durchgeführte Messung der Anteil an Voxeln ausgewertet, deren Amplitude einen vorher definierten Grenzwert überschreitet.

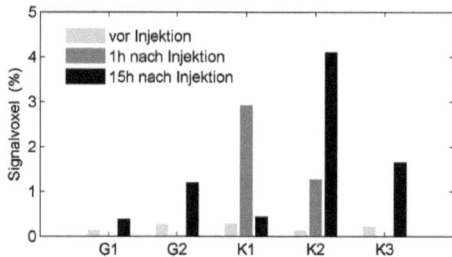

Abbildung 9.10: Vergleich der Häufigkeit von Signalvoxels (Amplitude $\geq$ 10 x Hintergrund) in der ROI bei den verschiedenen Messungen

Die Ergebnisse dieser Analyse sind in Abbildung 9.10 ersichtlich. Hierbei wurde die Häufigkeit von Voxeln ausgewertet, welche mindestens den Wert des zehnfachen Hintergrundsignals aufweisen, und im Folgenden als „Signalvoxel" bezeichnet werden. Diese Analyse bestätigt die Folgerungen der graphischen Auswertung. Bei allen Tieren liegt der Anteil an Signalvoxeln in der ROI vor der Injektion der Nanorods im Bereich von 0,14% bis 0,28%. Bei den Kontrollen G1 (gesundes Tier, spezifische Partikel) und K1 (erkranktes Tier, unspezifische Partikel) liegt der Anteil an Signalvoxeln 15 Stunden nach der Injektion im Bereich von 0,38% bis 0,44%. Die Kontrollmessung G2 (gesundes Tier, unspezifische Partikel) zeigt allerdings einen unerwartet hohen Anteil an Signalvoxel von 1,19%. Die Ursache der erhöhten Anzahl an Signalvoxeln nach der Injektion der Partikel bei G2 wird in Abbildung 9.11 deutlich. Bei dieser Messung wurden starke optoakustische Signale in der Haut generiert. Da eine Segmentierung nur in einer Dimension zwischen der Kniescheibe und dem Unterschenkelknochen erfolgt, wurden auch Signale gewertet, welche sich zwar in einer Dimension (parallel zum Bein) in der ROI befinden, aber in der anderen Dimension um wenige Millimeter seitlich des relevanten Bereiches lokalisiert sind. Der Nachteil der automatisierten Voxelauswertung kann allerdings durch die Berücksichtigung von dreidimensionalen Ansichten aufgehoben werden.

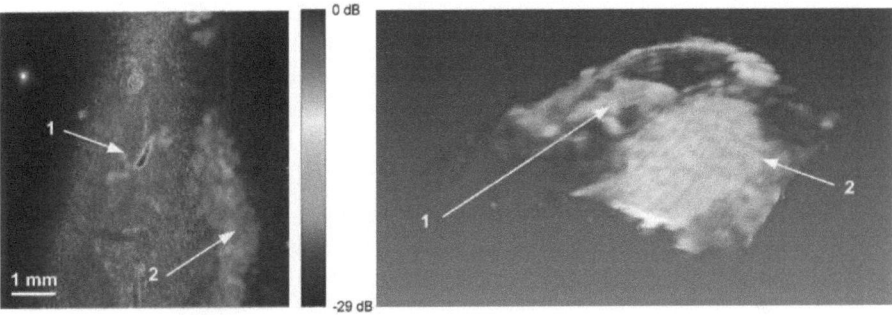

Abbildung 9.11: Optoakustisches Bild vor dem Hintergrund einer akustischen Mittelwertprojektion von der Messungen nach der Injektion an G2 (links). 3D-Darstellung der gleichen optoakustischen Signale (rechts). (1) bezeichnet die für die Auswertung relevanten optoakustischen Signale (in der ROI zwischen Kniescheibe und Unterschenkel, unter der Hautoberfläche), während mit (2) optoakustische Signale der Hautoberfläche gekennzeichnet sind

In Abbildung 9.11 wird deutlich, dass zwar optoakustische Signale in der ROI generiert werden (mit (1) gekennzeichnet), dass jedoch auch optoakustische Signale direkt in der Haut seitlich der ROI entstehen (mit (2) gekennzeichnet). Letztere sind nur in den Signalen, welche 15 h nach der Injektion der Partikel aufgenommen worden, vorhanden und haben demnach zu dem erhöhten Wert an Signalvoxeln im Bereich von 1,2% bei G2 geführt. Die nach einer Stunde durchgeführten Messungen bei K1 und K2 zeigen ebenfalls eine erhöhte Anzahl an Signalvoxeln im Bereich von 1,5 bis 3%, was jedoch zu erwarten war, da die Partikel zu diesem Zeitpunkt noch nicht aus dem Blutkreislauf herausgefiltert wurden (siehe Abb. 9.7). Der Einfluss der Markierung der Partikel mit Antikörpen wird aus dem Vergleich der Auswertung der optoakustischen Signale, welche an K1 und K2 nach 1 h und nach 15 h gemessen wurden, am deutlichsten. Während die Anzahl an Signalvoxeln bei der Verwendung von Kontrollpartikeln (bei K1) in der ROI von 2,92% nach 1h auf 0,44% nach 15 h abfällt, steigt dieser Wert von 1,27% nach 1 h auf 4,1% nach 15 h bei der Injektion von Infliximab-markierten Nanorods bei K2. Bei dem zweiten erkrankten Tier (K3), dem auch markierte Partikel injiziert wurden, ist ebenfalls eine im Vergleich zu den Kontrollmessungen erhöhte Anzahl von Signalvoxeln (1,65% nach 15 h) in der ROI zu beobachten. Der Vergleich der unterschiedlichen Messungen an gesunden und erkrankten Tieren nach der Injektion von funktionalisierten Partikeln und Kontrollpartikeln zeigt, dass eine spezifische Kontrasterhöhung der optoakustischen Bildgebung durch die Nutzung von antikörpermarkierten Nanorods erzielt werden kann. Die Machbarkeit der optoakustischen molekularen Bildgebung wurde somit nachgewiesen, da eine Kontrasterhöhung nur dann zustande kam, wenn erkrankten Tieren, bei denen eine Überexprimierung von TNF-α durch arthritische Entzündung der Kniegelenke vorhanden war, antikörpermarkierte Nanorods injiziert wurden.

Nachdem in dem vorliegenden Kapitel gezeigt wurde, dass nanoskalige Kontrastmittel in einem präklinischen Szenario mit den entwickelten Plattformen und Algorithmen detektiert werden können und auch durch Antikörpermarkierung zur selektiven Kontrasterhöhung im Rahmen der molekularen optoakustischen Bildgebung eingesetzt werden können, befasst sich das nächste Kapitel mit ersten Versuchen an Probanden. Da es derzeit noch keine medizinisch für die Anwendung am Patienten zugelassene optoakustische Kontrastmittel gibt, liegt der Fokus der Experimente in der Untersuchung der Eignung der Optoakustik zur Darstellung von intrinsischen Gewebechromophoren. Aufgrund der hohen Absorption im NIR-Bereich des Spektrums eignet sich vor allem Blut für solche Untersuchungen. Daher wird im nächsten Kapitel vornehmlich die Möglichkeit der optoakustischen Darstellung von subkutanen Gefäßen behandelt.

Kapitel 10

Erste *in-vivo* Darstellung von Blutgefäßen an Probanden

Im zweiten Teil der Arbeit wurden verschiedene Algorithmen und Verfahren zur Optimierung der Qualität optoakustischer Bilder entwickelt, so dass mit Hilfe dieser Modalität klinisch relevante Informationen und Bilddaten akquiriert werden können. Dabei wurde eine Simulation zur Vorhersage von optoakustischen Signalen entwickelt, welche eine bessere Abstimmung von Signal- und Empfangsbandbreite ermöglicht und es somit erlaubt das SRV der Daten zu maximieren. Darüber hinaus wurden für die Optoakustik optimierte Rekonstruktionsalgorithmen entwickelt, um Artefakte zu minimieren und die Auflösung des Systems zu verbessern. Nachdem die Machbarkeit der molekularen optoakustischen Bildgebung durch die selektive Kontrastverstärkung mittels biologisch markierter Kontrastmittel am Kleintiermodell im letzten Kapitel nachgewiesen wurden, sollen die gewonnenen Erkenntnisse und neuen Algorithmen genutzt werden, um erste *in-vivo* Daten an Probanden aufzunehmen. In der Abwesenheit von Kontrastmitteln eignen sich vor allem biologische Strukturen mit hohen intrinsischen Absorptionskoeffizienten als Untersuchungsobjekt für die optoakustische Bildgebung. In dem relevanten Spektralbereich zwischen 600 und 1200 nm ist Hämoglobin das am stärksten absorbierende Chromophor. Daher wurden erste humane *in-vivo*-Messungen mit dem Ziel der Darstellung von subkutanen Blutgefäßen durchgeführt.

10.1 Sicherheitsaspekte bei *in-vivo*-Messungen

Bei der Nutzung von Laserstrahlung zu diagnostischen Zwecken müssen definierte Grenzwerte eingehalten werden, welche garantieren, dass das Gewebe durch die Laserstrahlung nicht geschädigt wird. Die entscheidenden Kriterien zur Festlegung eines als unbedenklich angesehen Schwellwertes sind dabei die Art des bestrahlten Gewebes (Haut, Augen) sowie die Wellenlänge der Strahlung und die Art der Applikation (CW oder gepulst). Bei dem in den meisten Versuchen verwendeten Nd:YAG Laser mit einer Wellenlänge von 1064 nm und einer Pulsdauer im Bereich von 20-30 ns können somit bei einer maximalen Pulsenergie von 100 mJ/cm² höchsten 10 Bilder pro Sekunde generiert werden.

Wellenlänge	Gepulste Bestrahlung (10^{-9}-10^{-7} s)	Dauerbestrahlung (≥ 10 s)
400 - 700 nm	20 mJ/cm²	200 mW/cm²
700 - 1050 nm	$20 \cdot C_4$ mJ/cm²	$200 \cdot C_4$ mW/cm²
1050 - 1400 nm	100 mJ/cm²	1 W/cm²

Tabelle 10.1: Zulässige auf die Haut applizierbare Pulsenergie bei unterschiedlichen Bestrahlungsdauern. Für den einheitslosen Koeffizienten C_4 gilt $C_4 = 10^{\,0{,}002(\lambda-700)}$. Quelle: [44]

Wenn die Bildwiederholrate erhöht werden soll, muss die Pulsenergie dementsprechend verringert werden, was allerdings einen negativen Einfluss auf die Bildqualität haben kann. Bei der ebenfalls genutzten Wellenlänge von 532 nm ist die applizierbare Energie wesentlich geringer. Die allgemein höhere Gewebeabsorption in diesem Bereich führt allerdings zu entsprechend stärkeren Signalen, so dass trotz der geringeren Pulsenergie vergleichbare Signalamplituden gemessen werden können. Da diese Grenzwerte nur für die Untersuchung der Haut gelten, müssen die Augen während der Messung selbstverständlich durch Laserschutzbrillen geschützt werden, welche in dem relevanten Spektralbereich undurchlässig sind.

10.2 Einfluss der Gefäßgröße

Wie in Abschnitt 4.3.2 schon erläutert skalieren die Frequenzen optoakustischer Signale mit den Größen der durch Laserstrahlung angeregten Strukturen und sind somit nicht direkt durch die spektralen Eigenschaften des verwendeten Wandlers gegeben. Dieser Effekt wird bei der Aufnahme von optoakustischen Signalen von Blutgefäßen unterschiedlicher Durchmesser deutlich. Die richtige Wahl des Ultraschallwandlers bei der Aufnahme von *in-vivo* Daten ist daher umso wichtiger, um ein ausreichendes SRV zu gewährleisten. Im folgenden Beispiel werden optoakustische *in-vivo* Daten von Blutgefäßen am Unterarm gezeigt. Dabei wurde ein Nd:YAG Laser bei 1064 nm zur Signalerzeugung gewählt sowie ein 7,5 MHz Ultraschallwandler zur Datenakquisition.

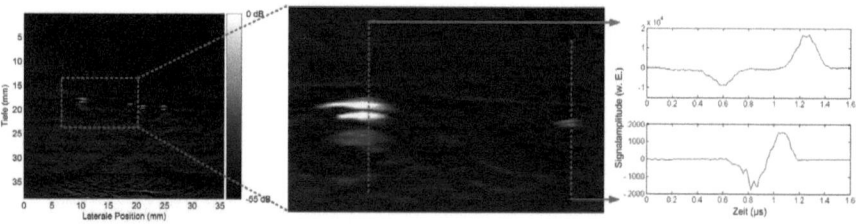

Abbildung 10.1: Frequenzunterschiede in optoakustischen Signalen von Gefäßen unterschiedlicher Größe. Spektrales Maximum bei 1,9 MHz bei dem kleinen Gefäß sowie 0,7 MHz bei dem größeren

Der Einfluss der Größe auf die Frequenz wird in den beiden Signalen in Abbildung 10.1, welche Linien der optoakustischen Querschnittsbilder der Gefäße darstellen, deutlich. Bei dem größeren der beiden Gefäße liegt das spektrale Maximum bei 0,7 MHz, während die höchste Amplitude im Signalspektrum des kleineren Gefäßes bei 1,9 MHz liegt.

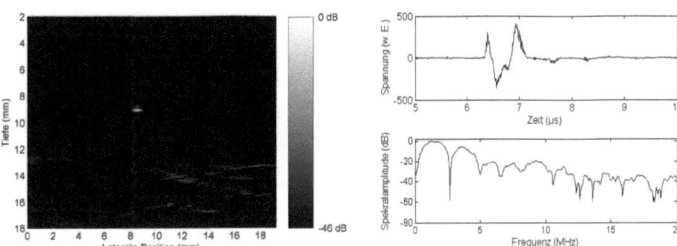

Abbildung 10.2: Optoakustisches Daten eines subkutanen Gefäßes aufgenommen mit einem 20 MHz Wandler (links). Signal und Spektrum des Blutgefäßes (rechts)

Durch die hohe Bandbreite des genutzten 7,5 MHz Wandlers können die Signale beider Gefäße noch mit hohem SRV dargestellt werden, obwohl ihre Frequenz fernab der Mittenfrequenz des Wandlers liegt. Eine größere Abweichung zwischen der Wandlermittenfrequenz und der Frequenz des optoakustischen Signals führt jedoch zwangsläufig zu geringeren Signalamplituden und dementsprechend zu geringerem SRV. Dies wird in Abbildung 10.2 deutlich, in der ein optoakustisches Bild von einem Blutgefäß mit einem 20 MHz Wandler aufgenommen wurde. Die stärksten Frequenzanteile liegen auch hier wieder im unteren MHz-Bereich (siehe Spektrum in Abbildung 10.2), was eine geringere Empfindlichkeit des Wandlers zur Folge hat. Das SRV dieser Daten ist dementsprechend wesentlich geringer als bei der Aufnahme von Signalen mit dem 7,5 MHz Wandler.

10.3 Einfluss der Wellenlänge

Neben der Größe der untersuchten Gefäße und der Wahl des verwendeten Wandlers hat auch die zur Signalerzeugung genutzte Wellenlänge einen erheblichen Einfluss auf die entstehenden optoakustischen Bilder. Der Grund für dieses Verhalten liegt in der starken Wellenlängenabhängigkeit der Absorptionseigenschaften vieler biologischer Chromophore. Während Haut im nahen Infrarot so gut wie transparent ist, weist sie eine hohe Absorption bei sichtbaren Wellenlängen auf. Dies wird in Abbildung 10.3 verdeutlicht, in der zwei optoakustische Bilder der Hand zu sehen sind, welche bei 532 und 1064 nm aufgenommen wurden. Während das Licht bei 1064 nm in das Gewebe einzudringen vermag und es somit erlaubt, subkutane Blutgefäße darzustellen, werden bei der Wellenlänge von 532 nm lediglich optoakustische Signale in den oberen Schichten der Haut generiert. Die spektrale Abhängigkeit der verschiedenen Gewebechromophore kann allerdings im Kontext der schon angesprochenen Multispektralen Optoakustischen Bildgebung

durchaus als Vorteil gewertet werden, da verschiedene Gewebetypen durch die Auswertung von
Daten, welche bei verschiedenen Wellenlängen aufgenommen wurden, unterscheidbar sind.

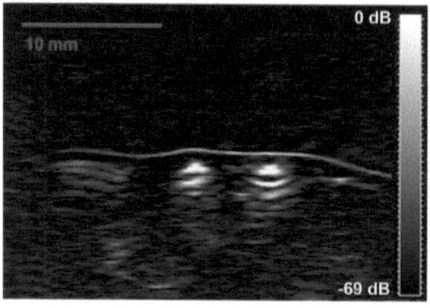 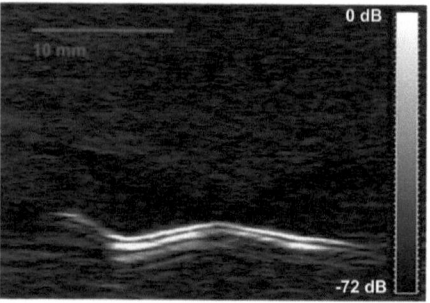

Abbildung 10.3: Unterschied zwischen optoakustischen Bildern bei Verwendung unterschiedlicher Wellenlänge (1064 nm linkes Bild, 532 nm rechtes Bild)

Die unterschiedlichen Wellenlängen sollten dabei so gewählt werden, dass die Variationen
der Absorption des zu untersuchenden Gewebes maximal sind, während das Signal des
Hintergrundgewebes annähernd konstant bleibt. Dieses Verfahren kann verwendet werden, um
z.B. Deoxyhämoglobin (Hb) von Oxyhämoglobin (HbO_2) zu unterscheiden.

Nachdem in den letzten Kapiteln schon gezeigt wurde, dass Phantome mit unterschiedlichen
optischen Eigenschaften durch multispektrale Bildgebung voneinander unterschieden werden
können, sollen in diesem Abschnitt erste Daten von Blutgefäßen vorgestellt werden. Dazu
wurden optoakustische Messungen bei 750 und 850 nm durchgeführt, da die Absorptionskurve
von HbO_2 in diesem Bereich eine Steigung aufweist, während Hb bei 850 nm eine weitaus
geringere Absorption als bei 750 nm zeigt (siehe Abbildung 6.1).

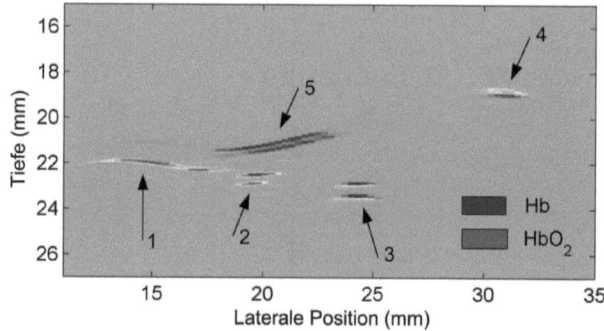

Abbildung 10.4: Multispektrales Bild der Gefäße auf dem Handrücken nach Auswertung von
zwei optoakustischen Datensätzen

In der Darstellung in Abbildung 10.4 sind fünf verschiedene Strukturen gekennzeichnet,
durch die sowohl die Vorteile als auch die Schwierigkeiten der Multispektralen Optoakustik

deutlich werden. Die mit (1) und (2) markierten Gefäße können aufgrund der Unterschiede in den Signalamplituden bei den verschiedenen Wellenlängen eindeutig als Arterien identifiziert werden. Eine ebenso einfache Zuordnung ist bei Gefäß (5) möglich, bei dem es sich um eine quer zur Bildebene verlaufende Vene, welche direkt unter der Hautoberfläche liegt, handeln muss. Demgegenüber ist keine eindeutige Zuordnung der Strukturen (3) und (4) möglich. Besonders bei (3) sind sowohl rote (HbO_2) als auch blaue (Hb) Bildpunkte vorhanden. Da diese jedoch ähnliche geometrische Strukturen bilden, welche nur um wenige Millimeter in axialer Richtung verschoben sind, kann davon ausgegangen werden, dass es sich hierbei um ein Bewegungsartefakt handelt. Ähnliches gilt für die Struktur (4), bei der ebenfalls eine Zweideutigkeit aufgrund einer axialen Verschiebung vorliegt. Hierbei zeigt sich, dass das größte Problem bei der multispektralen Bildgebung technischer Natur ist. Um Daten bei mehreren Wellenlängen aufnehmen zu können, muss der nichtlineare Kristall des OPOs neu justiert werden. Obwohl dies durch einen Stellmotor innerhalb weniger Sekunden geschieht, können geringe Bewegungen, welche die Position und die Orientierung des Ultraschallwandlers zum untersuchten Gewebe verändern, zu Artefakten und auch falschen Zuordnungen in den Bilddaten führen.

10.4 Kombinierte Bildgebung aus Ultraschall und Optoakustik

Die in Abschnitt 6 vorgestellte Mehrkanalelektronik ist sowohl für die Aufnahme von optoakustischen Signalen als auch für die normale Ultraschallbildgebung geeignet. Im Gegensatz zu den meisten kommerziellen Systemen werden die Kanaldaten der Wandlerelemente jedoch nicht in der Elektronik aufsummiert, sondern werden als solche zu einem PC transferiert. Der auf Gleichung 5.3 basierende Algorithmus erlaubt es jedoch, aus diesen Kanaldaten vollwertige Ultraschallbilder zu rekonstruieren. Die Fähigkeit der Geräteplattform DiPhAS, sowohl optoakustische Datensätze als auch Ultraschalldaten aufnehmen zu können, soll daher für die kombinierte Bildgebung genutzt werden. Dazu wurde ein Modus implementiert, welcher zu jedem Zeitpunkt sowohl einen optoakustischen als auch einen rein akustischen Datensatz aufnimmt. Diese können dann zu kombinierten Datensätzen rekonstruiert werden, in denen sich die Vorteile beider Modalitäten ergänzen.

Als etablierte Bildgebung erlaubt Ultraschall eine einfache Interpretation der gewonnenen Daten, während diese bei optoakustischen Bildern erst noch erlernt werden muss. Darüber hinaus eignen sich Ultraschalldaten, um die optoakustischen Bilder in einen geometrischen Kontext zu setzen. Dabei liefern die Ultraschalldaten hochaufgelöste Informationen zur Anatomie, während die Optoakustik es erlaubt, Areale mit hoher Absorption (Blutgefäße, Tumore, Kontrastmitteleinlagerungen) in den anatomischen Strukturen zu identifizieren. In Abbildung 10.5 wird der Unterschied zwischen beiden Bildgebungsmodalitäten deutlich. Zur Rekonstruktion der gezeigten Abbildungen wurden Daten vom Handrücken aufgenommen.

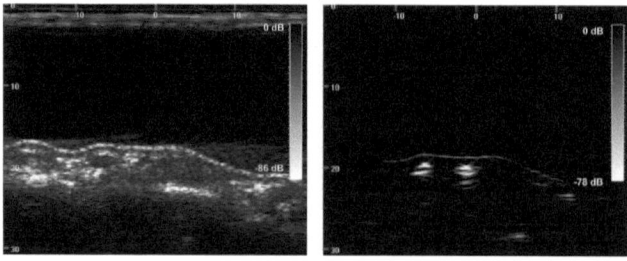

Abbildung 10.5: Unterschied zwischen Ultraschallbildern (links) und optoakustischen Bildern (rechts)

In dem Ultraschallbild ist die Hautoberfläche klar zu erkennen. Weitere echogene Areale wie z.B. Knochen oder Sehnen erscheinen als helle Bildbereiche, während Blutgefäße aufgrund der geringen Rückstreuung als besonders dunkel erscheinen. Ein Blutgefäß kann klar als dunkle rundlich-ovale Struktur links der Bildmitte ca. 2-3 mm unter der Hautoberfläche identifiziert werden. Im Gegenteil dazu stammen die stärksten Signale in dem optoakustischen Bild von den vorhandenen Blutgefäßen. Während die Bilder den Kontrastvorteil der Optoakustik hervorheben, wird aus dem Vergleich ebenso deutlich, dass die Optoakustik in Bezug auf Abbildungstreue nicht die Qualität des Ultraschalls erreicht. Die an sich runden bis ovalen Querschnitte der Blutgefäße erscheinen aufgrund der radialen Ausbreitung der optoakustischen Signale in den entsprechenden Bildern als zwei Kreisbögen. Dies ist bedingt durch den Effekt, dass die stärksten Signalanteile immer in eine Richtung, welche orthogonal zur Oberfläche ist, propagieren, was bereits sowohl in Simulationen zur Abbildungstreue (siehe Abschnitt 5.4) als auch in Phantommessungen bestätigt wurde. Daher werden vor allem die Ober- und Unterseite der Gefäße sichtbar, während von den „Seitenwänden" des Gefäßes nahezu keine optoakustischen Signale ausgehen. Sofern eine Möglichkeit zum Verfahren des Ultraschallwandlers (mechanischer Scanner) zur Verfügung steht, können aus den aufgenommenen kombinierten Datensätzen dreidimensionale Ansichten des Gewebes generiert werden. Ein solches Beispiel wird in Abbildung 10.6 aufgeführt. Dabei wurden die optoakustischen und akustischen Daten mit einem linearen 7,5 MHz Wandler, welcher mit einer mechanischen Scanvorrichtung in der elevationalen Dimension verfahren wurde, aufgenommen. Die optoakustischen Signale wurden mit der Wellenlänge von 1064 nm erzeugt, wobei die Pulsenergie ca. 20% des für diagnostische Zwecke zulässigen Grenzwertes betraf. Für die Rekonstruktion der Daten wurde wieder ein Beamforming-Algorithmus mit zusätzlicher Kohärenzfaktor-Gewichtung genutzt (Gleichung 5.12), was sich in einem hohen SRV äußerte. Eine Mittelung der Daten wurde somit überflüssig, so dass lediglich ein Laserpuls pro optoakustisches Querschnittsbild benötigt wurde. Dadurch konnte der komplette dreidimensionale in Abbildung 10.6 dargestellte Datensatz in ca. 60 Sekunden akquiriert werden, wobei der Großteil der benötigten Zeit auf das mechanische Verfahren der Scanvorrichtung zurückzuführen ist. In den Ultraschalldaten, welche bräunlich dargestellt werden, sind echogene Strukturen wie die Hautoberfläche oder die Hand- und Fingerknochen sehr gut zu erkennen. Die optoakustischen Signalquellen wurden als rote Voxel dargestellt, so dass die Blutgefäße auf dem Handrücken in der semitransparent dargestellten Ultraschall-3d-Rekonstruktion sichtbar werden.

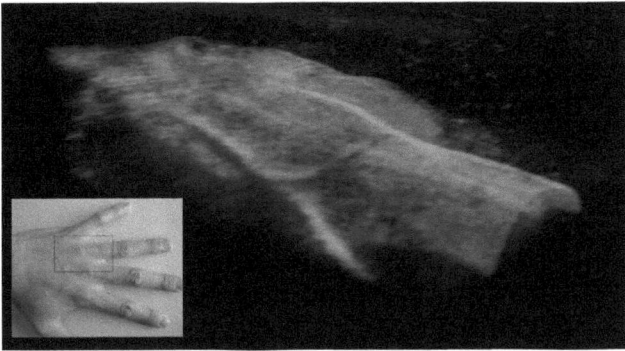

Abbildung 10.6: Dreidimensionale kombinierte Darstellung von optoakustischen und akustischen Daten

Aufgrund des hohen intrinsischen Kontrastes können Gefäße bzw. die Struktur des Gefäßbaums ohne die Notwendigkeit einer manuellen Bildsegmentierung der optoakustischen Bilddaten dreidimensional dargestellt werden. Dies wird im klinischen Alltag zwar bereits mit Hilfe des Dopplerultraschalls bewerkstelligt, jedoch wird die Auflösung dabei durch die Verwendung langer Pulszyklen (10er Burst oder mehr), welche für die genaue Bestimmung kleiner Frequenzverschiebungen notwendig sind, massiv eingeschränkt. Der hohe Kontrast und die gute Auflösung der Optoakustik werden im Beispiel von Abbildung 10.7 noch einmal aufgezeigt, in dem die Verästelung und Kreuzung verschiedener Blutgefäße anhand einer Bildsequenz dargestellt werden. In den dargestellten Abbildungen werden die Einschränkungen der Optoakustik in Bezug auf die Darstellungen von Strukturen, welche orthogonal zur Apertur liegen deutlich, da jeweils nur die Ober- und Unterseite der Gefäße sichtbar sind. Nichtsdestotrotz erlauben die Bilder dank ihres hohen Kontrastes einen einfachen Zugang zum Verständnis der räumlichen Strukturen der untersuchten Gefäße. In den Abbildungen a) bis e) wird deutlich wie das Gefäß am rechten Bildrand von einem kleineren zweiten Gefäß gekreuzt wird. Letzteres verzweigt sich auf der Höhe der Kreuzung in zwei kleinere Gefäße. Daneben ist in den Abbildungen f) bis j) die Aufspaltung des Gefäßes in der Mitte des Bildes zu sehen.

10.5 Freihand 3D Aufnahmen

Bei der Aufnahme von dreidimensionalen optoakustischen Daten kann die Fragestellung der akustischen Kopplung zwischen dem Wandler und dem zu untersuchenden Gewebe eine technische Hürde darstellen. Wie in Abschnitt 4.3.1 schon dargelegt, ist es bei der Verwendung eines linearen Ultraschallarrays zur optoakustischen Bildgebung sinnvoll, wenn die Daten mit einer Vorlaufstrecke im Bereich von 10-15 mm aufgenommen werden. Bei der Verwendung eines mechanischen Scanners zur Aufnahme von dreidimensionalen Datensätzen muss die akustische Kopplung daher durch eine Vorlaufstrecke in Wasser erzeugt werden.

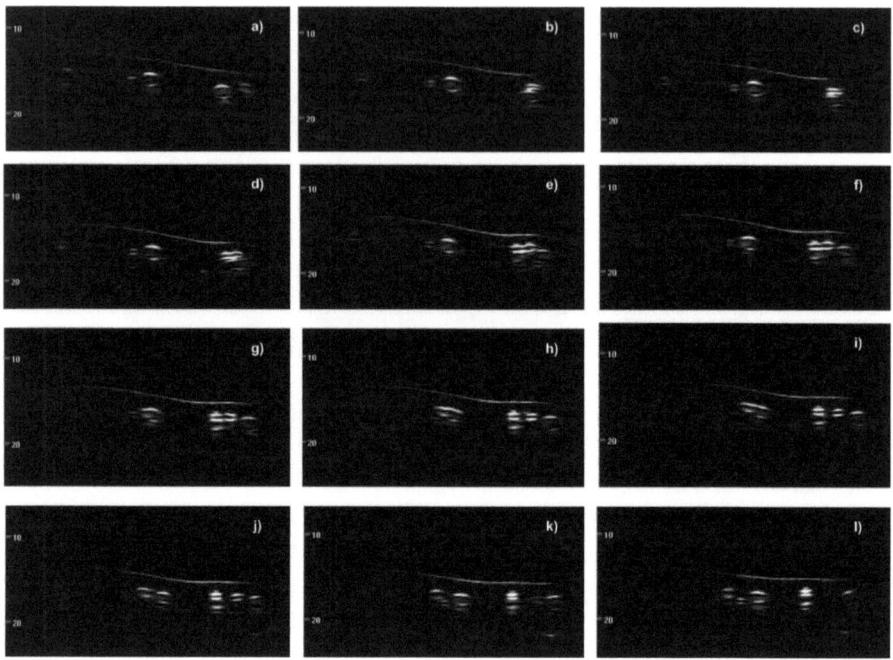

Abbildung 10.7: Bildsequenz von sich teilenden und kreuzenden subkutanen Blutgefäßen. Die 255 Grauwertstufen stellen einen Amplitudenbereich von 66 dB dar.

Bei der Untersuchung von Extremitäten (z.B. Hand, Fuß) kann dies leicht durch ein Wasserbad bewerkstelligt werden. Die optoakustische Darstellung von Körperteilen, welche näher am Rumpf liegen, ist unter solchen Bedingungen jedoch höchst problematisch. Eine Alternative zu einer Vorlaufstrecke in Wasser stellt die Verwendung von Gelkissen zur akustischen Kopplung dar. Allerdings kann in diesem Fall kein mechanischer Scanner mehr zur Aufnahme von dreidimensionalen Daten genutzt werden, da der aufgrund von Unebenheiten der Gewebeoberfläche variierende Abstand zwischen der Haut und dem Wandler eine adäquate akustische Kopplung unmöglich macht.

Um diese Problematik zu umgehen, wurde ein optisches Trackingsystem zur freihändigen Aufnahme von dreidimensionalen mit Positionsdaten versehenen akustischen und optoakustischen Bildern verwendet. Damit können dreidimensionale Daten aufgenommen werden ohne die Beschränkung der Bewegung auf die starren Achsen einer mechanischen Verfahreinheit. In Abbildung 10.8 ist ein Beispiel einer solchen freihändigen Aufnahme aufgeführt. Die Messparameter sind dabei vergleichbar mit den in Abbildung 10.6 vorgestellten Ergebnissen (7,5 MHz Wandler, $\approx$ 20% der maximalen Pulsenergie), jedoch wurde der Datensatz in einer wesentlich kürzeren Zeit aufgenommen. Die Messung zeigt eindrucksvoll die Machbarkeit der freihändigen dreidimensionalen optoakustischen Bildgebung. Allerdings ist diese Art der Datenaufnahme wesentlich anfälliger für Artefakte. Zum einen ist die Bewegung des Wandlers unter Umständen um einiges schneller als bei dem Verfahren mit einer mechanischen Vorrichtung, was in der Rekonstruktion der Daten zu Bewegungsartefakten führen kann. Darüber hinaus ist die Aufnahmegeschwindigkeit der Elektronik derzeit auf ca. 23 Datensätze pro Sekunde beschränkt. Eine zu große Verfahrgeschwindigkeit äußert sich demnach schnell in einer schlechten elevationalen Auflösung.

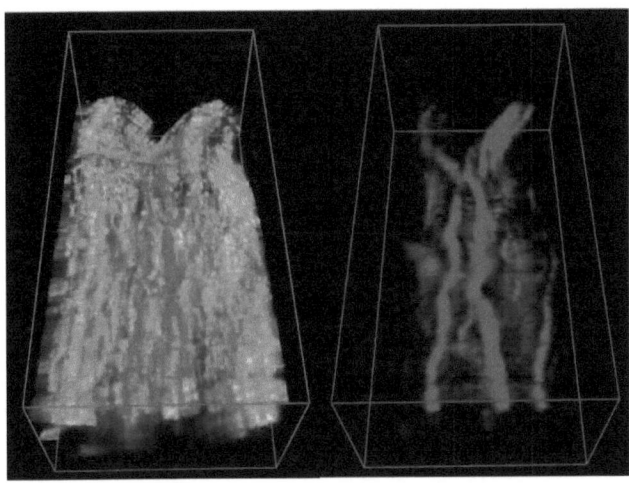

Abbildung 10.8: Freihändig aufgenommener dreidimensionaler kombinierter Datensatz aus Ultraschall und Optoakustik (links) sowie reine Optoakustikdaten (rechts)

Eine weitere mögliche Einschränkung der Bildqualität ist durch die Genauigkeit der Positionsdaten gegeben, welche mit einer Wiederholrate von 20 Hz aktualisiert werden und vom Hersteller mit 0,3 mm maximalem Fehler angegeben werden. Dadurch wird jedoch nur die Position der optischen Trackerkugeln an der Wandlerhalterung definiert. Zur genauen Bestimmung der Position der Bilddaten im dreidimensionalen Raum ist die Umrechnung mittels einer 6x6-Transformationsmatrix notwendig, durch die geringe Fehler in der Position der Trackingkugel jedoch leicht zu falschen Werten für die Position und Orientierung der Bilddaten führen können. Um solche Fehler zu vermeiden, muss die Transformationsmatrix in vorherigen Kalibriermessungen aufwändig und möglichst präzise bestimmt werden.

Eine höhere Genauigkeit der Positionsdaten wird durch die Implementierung einer neuen Generation von Trackingssystemen in die Bildgebungsplattform möglich sein. Diese auf magnetischen Feldgradienten basierenden Systeme erlauben präzise eine Positionserfassung mit 80 Hz Datenaktualisierung, wodurch das Risiko von Bewegungsartefakten deutlich reduziert wird.

Kapitel 11

Diskussion

In der vorliegenden Arbeit wurden Systeme für die molekulare optoakustische Bildgebung etabliert und hinsichtlich der Sensitivität und Selektivität optimiert. Dabei wurden unterschiedliche Herangehensweisen gewählt. Für die Optimierung der Sensitivität wurde in einem ersten Schritt ein Simulationsprogramm zur Vorhersage optoakustischer Signale beliebiger Strukturen entwickelt. Die Kenntnis der spektralen Anteile eines optoakustischen Signals erlaubt es, die zur Detektion verwendete Messaparatur (insbesondere den Ultraschallwandler) an das Signal anzupassen und somit eine zu große spektrale Abweichung zwischen der Signalfrequenz und der Frequenz des Wandlers, welche sich in einem schlechten SRV äußern würde, zu vermeiden. Zur Validierung der Rechenvorschrift des Programms wurden numerische Lösungen mit für Spezialfälle vorhandenen analytischen Lösungen verglichen. Des Weiteren wurden PVCP-Phantome mit definierten Geometrien hergestellt, um die entstehenden optoakustischen Signale mit der Vorhersage der Simulation zu vergleichen. Ein hohes Maß an Übereinstimmung der simulierten Signale konnte sowohl mit analytischen Berechnungen als auch mit experimentellen Datensätzen erreicht werden. Die somit validierte Simulation wurde weiterhin genutzt, um die spektralen Anteile definierter potenziell diagnostisch relevanter Gewebestrukturen (Mikrotumore, Blutgefäße) zu bestimmen. Die hier gewonnenen Informationen wurden auch bei den späteren *in-vivo*-Messungen verwendet, um die Ultraschallwandler auszuwählen und nutzen zu können, welche das beste SRV versprechen.

Um das SRV und somit die Sensitivität weiter zu verbessern, wurden die Rekonstruktionsverfahren zur Umrechnung der gemessenen Signale in optoakustische Bilder in einem zweiten Schritt weiterentwickelt. Dazu wurden Beamformingalgorithmen um unterschiedliche Filter erweitert, welche es ermöglichen, sowohl das SRV als auch die laterale Auflösung (gemessen an der FWHM-Breite der PSF) zu verbessern. Des Weiteren wurden Algorithmen zur multispektralen Bildgebung entwickelt. Diese Technik erlaubt es zwar nicht, das SRV in einem gesamten Bild zu verbessern, jedoch können Strukturen mit definierten und bekannten optischen Absorptionseigenschaften von einem Hintergrund herausgefiltert werden. Die entwickelten Algorithmen können auf zwei verschiedene Arten verwendet werden:

Zum einen können damit funktionale Bilder generiert werden, in denen z.b. Blutgefäße mit unterschiedlicher Sauerstoffsättigung farbkodiert dargestellt werden. Zum anderen kann diese Technik aber auch verwendet werden, um eventuell vorhandene Kontrastmittel mit sehr hohem Signal-Hintergrund-Abstand darzustellen, indem nur Strukturen, deren spektraler Absorptionsverlauf dem des Kontrastmittels entspricht, durch die Analyse multispektraler Datensätze herausgefiltert werden. Die Einsetzbarkeit dieses Algorithmus konnte sowohl an synthetischen als auch an experimentellen Phantomdaten nachgewiesen werden.

Auf der technischen Seite wurden verschiedene vorhandene Ultraschallplattformen gemäß den Anforderungen der optoakustischen Bildgebung optimiert. Dies beinhaltet sowohl die Integration von adäquaten Optikelementen in Ultraschallwandler als auch die Anpassung der Elektronik in Bezug auf die Synchronisation der Ultraschalldatenaufnahme mit den zur Signalerzeugung genutzten Laserpulsen. Des Weiteren wurden die zur Rekonstruktion der Daten genutzten Algorithmen in Bezug auf ihre Laufzeit optimiert, so dass bei Wiederholraten in der Größenordnung von 20 Hz eine Echtzeitfähigkeit der Bildgebung tatsächlich gegeben ist, wenngleich bisher nur die weniger komplexen Rekonstruktionsalgorithmen bei solchen hohen Bildwiederholraten einsetzbar sind. Die entwickelte Bildgebungsplattform wurde an Phantomen zur Charakterisierung ihrer Abbildungseigenschaften getestet. Die Auflösung variiert stark in Abhängigkeit der verwendeten Ultraschallwandler und der Rekonstruktionsalgorithmen. So konnten Strukturen der Größe von 50 μm (Punktquelle) bei der Verwendung eines 5 MHz Wandlers mit einer Auflösung von 410 μm dargestellt werden. Durch die Verwendung einer optimierten Rekonstruktion (laterale Überabtastung und Kohärenzfilter) konnte die Breite der PSF auf 220 μm reduziert und somit fast halbiert werden.

Neben einer hinreichenden Sensitivität muss die optoakustische Bildgebung noch weitere Anforderungen erfüllen, um als neue Diagnosetechnik Einzug in den medizinischen Alltag zu finden. Dazu gehört vor allem eine allgemeine Praxistauglichkeit. Dies bedeutet, dass die gute Bildqualität, welche in ersten Phantommessungen erzielt wurde, auch unter den ungleich schwierigeren Bedingungen eines *in-vivo* Einsatzes reproduzierbar ist. Bei solchen Messungen sind im Gegensatz zu Phantommessungen weder homogene Schallgeschwindigkeiten noch konstante optische Eigenschaften (Streuung, Absorption) in dem untersuchten Gewebe gegeben. Darüber hinaus besteht die Gefahr von Rekonstruktionsartefakten. Schließlich muss die Laserleistung begrenzt werden, um gegebenen Sicherheitsrichtlinien Rechnung zu tragen, was durch den linearen Zusammenhang zwischen der Laserpulsenergie und der Amplitude optoakustischer Drucksignale zu geringerem SRV führen kann. Um den Einfluss all dieser Randbedingungen zu evaluieren und um festzulegen, ob die Aufnahme von klinisch relevanten Daten in diesem Fall noch praktikabel ist, wurden erste *in-vivo*-Messungen zur Darstellung von subkutanen Blutgefäßen an der menschlichen Hand durchgeführt. Referenzmessungen wurden dabei mit klassischem Ultraschall durchgeführt, wobei ausgenutzt wurde, dass die verwendete Geräteplattform DiPhAS eine kombinierte Bildgebungsmodalität unterstützt, in welcher sowohl optoakustische Datensätze als auch Ultraschalldatensätze aufgenommen werden. In den durchgeführten Messungen wurde deutlich, dass optoakustische

Datensätze mit geringem Mehraufwand im Vergleich zu konventionellem Ultraschall auch unter klinischen Rahmenbedingungen aufgenommen werden können. Besonders im Hinblick auf die Untersuchung von Gefäßstrukturen werden die Vorteile der Optoakustik deutlich. Während die Abbildungstreue der optoakustischen Bildgebung nicht mit der des klassischen Ultraschalls konkurrieren kann, liegt der optoakustische Kontrast um Größenordnungen über dem des Ultraschalls. Unterschiedliche Strukturen des vaskulären Systems (Gefäßkreuzungen, sich teilende Gefäße) konnten in dreidimensionalen Ansichten mit sehr hohem Kontrast dargestellt werden. Darüber hinaus war aufgrund des hohen SRV keine manuelle Segmentierung der zweidimensionalen Bilddatensätze notwendig. Eine solche automatisierbare dreidimensionale Darstellung von Gefäßstrukturen ist auch bei der Verwendung von Doppler-Ultraschall möglich, wobei dieser auf Grund der benötigten schmalen Signalbandbreite eine schlechtere Auflösung bietet.

Neben Untersuchungen zur Sensitivität der optoakustischen Bildgebung lag ein zweiter thematischer Schwerpunkt in der Fragestellung der Selektivität. Dazu wurden verschiedene Nanopartikelsysteme im Hinblick auf ihr Kontrastpotenzial untersucht und es wurden Wege aufgezeigt, um diese durch die Modifikation der Oberfläche mittels biologischer Liganden zu molekularen Kontrastmitteln zu machen. Bei der Untersuchung der Partikel wurde sowohl auf kommerziell erhältliche Systeme als auch auf eigene Synthesen zurückgegriffen. Die wichtigsten Auswahlkriterien hierfür waren neben einer möglichst hohen Absorption vor allem die spektrale Lage der Absorptionsmaxima, welche sich im NIR-Bereich befinden müssen. Die Wahl des Spektralbereichs beruht zum einen auf dem Vorhandensein eines Abschnitts mit hoher optischer Eindringtiefe („optisches Fenster") in Gewebe in dem Bereich zwischen 700 und 1100 nm, zum anderen muss die Lage des Absorptionsmaximums der Partikel aber auch einer einfach verfügbaren Laserwellenlänge entsprechen. Bei der Verwendung von Partikeln mit hoher Absorption im Bereich um 700-900 nm stehen nur komplexe und kostenintensive Lasersysteme zur Verfügung, was ein Hindernis für einen künftigen klinischen Einsatz eines solchen Kontrastmittels darstellen kann. Aus diesem Grund lag der Schwerpunkt bei der Partikelsynthese neben der Maximierung der Absorption vor allem in der Verschiebung des Maximums in den Bereich um 1064 nm, in dem der bereits heute im medizinischen Alltag routinemäßig eingesetzte Nd:YAG Laser zur Verfügung steht. In diesem Kontext wurden vor allem Gold-Nanorods und der Einfluss von unterschiedlichen Syntheseparametern auf die Absorptionseigenschaften der entstehenden Partikel untersucht. Durch die Anpassung verschiedener Syntheseparameter konnten die optischen Absorptionseigenschaften von Goldnanorods in den gewünschten Spektralbereich verschoben werden. Die Eignung dieser Partikel als optoakustisches Kontrastmittel konnte sowohl in Phantomexperimenten als auch *in-vivo* nachgewiesen werden.

Im Hinblick auf die Funktionalisierung der Partikel mit biologischen Markermolekülen wurden unterschiedliche Oberflächenmodifikationen untersucht. Dazu wurden Goldpartikel (Nanoshells oder Nanorods) mit Polyethylenglykolen beschichtet, welche reaktive Gruppen aufweisen, die zur weiteren Bindung an biologische Liganden (Antikörper, Peptide) genutzt werden können. Das Modellsystem, welches bei den Versuchen zur biologischen Modifizierung von Partikeln zum Einsatz kam, bestand aus dem monoklonalen Antikörper Trastuzumab und Gold-Nanoshells. Die Bindung des Antikörpers an die Partikel konnte sowohl durch fluoreszenzspektrometrische Messungen als auch durch optisch-mikroskopische *in-vitro*-Bildgebung einer adäquaten Zellkultur, welche den zu Trastuzumab komplementären Wachstumsfaktorrezeptor HER2 überexprimiert, nachgewiesen werden.

Auch im Hinblick auf die Untersuchung von Nanopartikeln als optoakustische Kontrastverstärker wurde die Machbarkeit der Nutzung unter (prä-)klinischen Bedingungen untersucht. Dazu wurden in einem ersten Schritt Detektionsschwellen für Nanopartikel in Phantommessungen charakterisiert. Unter realistischen Bedingungen (z.B. Laserleistung weit unterhalb der für *in-vivo*-Messungen zugelassenen Grenzwerte) konnten schon Nanopartikel-Konzentrationen im picomolaren Bereich mit hinreichendem SRV detektiert werden. Um die Detektierbarkeit der Partikel in einem Szenario, welches dem *in-vivo* Einsatz noch näher kommt, bestätigen zu können, wurden nanopartikelbeladene Gelphantome als Tumormodelle in einem *ex-vivo*-Versuch einer Maus subkutan implantiert. Die Messung bestätigte, dass optoakustische Signale solcher Nanopartikel auch unter schwierigeren Messbedingungen empfangen werden können. Weitere Messungen, bei denen Nanopartikelsuspensionen unterschiedlicher Konzentration *ex-vivo* direkt injiziert wurden, führten zu vergleichbaren Ergebnissen. Darüber hinaus wurden erste *in-vivo*-Versuche mit dem Ziel des Nachweises der Überexprimierung des Zytokins TNF-α im Kontext einer Collagen-induzierten Arthritis im Kniegelenk der Maus durchgeführt. Dabei wurden 5 Tieren wahlweise PEGylierte Kontrollpartikel oder antikörpermarkierte Gold-Nanorods injiziert. Der Vergleich von dreidimensionalen optoakustischen Datensätzen, welche vor und nach (1 h und 15 h) der Injektion von 200 μl einer Nanorodsuspension aufgenommen wurden, zeigt die spezifische Kontrasterhöhung durch biologisch funktionalisierte Nanorods eindrucksvoll auf. Die Machbarkeit der optoakustischen molekularen Bildgebung konnte somit am Kleintiermodell nachgewiesen werden.

Obwohl viele Aspekte der optoakustischen molekularen Bildgebung in der vorliegenden Arbeit untersucht wurden und die Ergebnisse die Hoffnung zulassen, dass diese neue Modalität künftig in der Forschung und der Medizin einsetzbar wird, besteht noch Handlungs- und Klärungsbedarf bei weiteren technischen Fragestellungen. Die vorliegende Arbeit kann besonders im Hinblick auf den klinischen Einsatz von Nanopartikeln als optoakustisches Kontrastmittel nur als ein erster Schritt gelten. Weiterer Handlungsbedarf besteht vor allem auf der Seite der Charakterisierung der biologischen Verträglichkeit der verschiedenen Partikeltypen. Erste Untersuchungen von verschiedenen Partikeltypen (Gold-Nanorods, PLGA-Partikel) gemäß standardisierter Protokolle [97][98] lassen zwar den Schluss zu, dass von den Partikeln bei Konzentrationen in der Größenordnung bis 10 μg/ml (entspricht bei den verwendeten Nanorods ca. 10^{11} NP/ml) keine zytotoxische Wirkung ausgeht, jedoch sind solche Aussagen nur ein Schritt in einer langen Reihe von Versuchen, welche den Weg zu einer klinischen Zulassung eines Kontrastmittels darstellen. Bezüglich der Synthesewege haben die hier vorgestellten Ergebnisse gezeigt, dass Gold-Nanopartikel mit geeigneten optischen Eigenschaften durch relativ einfache Verfahren hergestellt werden können. Allerdings bedarf es zur Verwendung für klinische Zwecke ebenfalls einer Optimierung des Herstellungsverfahrens, um Partikel auch in ausreichenden Mengen mit gleich bleibender Qualität und hoher Reproduzierbarkeit herstellen zu können. Die hier diskutierten Vorbehalte in Bezug auf die Synthese und die biologische Verträglichkeit der Partikel sind im Kontext von präklinischen Kleintierstudien weit weniger problematisch. Wie in Kapitel 2 beschrieben wurden Gold-Nanopartikel auch schon als Kontrastmittel in solchen Versuchen eingesetzt, wobei bisher allerdings nur eine *in-vivo*-Studie mit funktionalisierten Gold-Nanopartikeln durchgeführt wurde [38].

Die Versuche bezüglich der Funktionalisierung der Nanopartikel haben gezeigt, dass eine Anbindung von biologischen Liganden an Gold-Nanopartikel durch die Verwendung von PEG-Molekülen als Crosslinker möglich ist. Obwohl der prinzipielle Erfolg dieser Reaktion durch zwei verschiedene Verfahren kontrolliert wurde, bedarf es weiterer Analysemethoden (z.B. HPLC), um präzisere Aussagen über die Effizienz dieser Kopplung zu gewinnen. Insbesondere konnte in der vorliegenden Arbeit nicht untersucht werden, wie viele Antikörper pro modifizierten Partikel vorhanden waren und inwiefern dies einen Einfluss auf die Bindung der Partikel an Zellen hat. Im Hinblick auf den Einsatz solcher funktionalisierter Partikel als *in-vivo*-Diagnostikum ist die Kenntnis der Oberflächenmodifizierung jedoch besonders relevant, da sie einen direkten Einfluss auf dessen Pharmakokinetik und somit auch auf die Effizienz des Kontrastmittels hat.

Ein weiterer kritischer Punkt, welcher die Praxistauglichkeit einer neuen Bildgebungsmodalität einschränken kann, ist die Abbildungsqualität. Erste *in-vivo*-Messungen an Blutgefäßen haben jedoch gezeigt, dass diese mit sehr hohem Kontrast und einer dem Ultraschall vergleichbaren Auflösung darstellbar sind. Allerdings sind die Abbildungseigenschaften sehr stark von dem Rekonstruktionsalgorithmus abhängig. Die Untersuchungen von Gewebedaten und Phantomdaten haben gezeigt, dass die Bildqualität durch den Einsatz adäquater Filteralgorithmen signifikant verbessert werden kann. Allerdings gilt es hierbei zu beachten, dass jeder zusätzliche Filter die Komplexität des Algorithmus und somit auch die Rekonstruktionsdauer erhöht. Die Auslagerung vieler Rekonstruktionsparameter in Look-Up Tables (siehe Abschnitt 5.4) hat dazu geführt, dass Daten mit einer Rate von bis zu 20 Hz bei der Verwendung der DiPhAS-Plattform aufgenommen, rekonstruiert und dargestellt werden können. Allerdings können die optoakustischen Signale bei einer solch hohen Bildwiederholrate nur mit einem einfachen Beamformingalgorithmus zu Bildern rekonstruiert werden. Um Daten mit bestmöglicher Auflösung und idealem Kontrast zu rekonstruieren, wurde die Verarbeitung meist „offline" durchgeführt. Optoakustische Bilder konnten zwar in Echtzeit aufgenommen und angezeigt werden, jedoch bedurfte es einer weiteren Nachverarbeitung, um eine optimale

Bildqualität zu gewährleisten. Im Hinblick auf einen klinischen Einsatz dieser Technik besteht daher Handlungsbedarf im Bereich der Beschleunigung der Algorithmen, damit Daten mit bestmöglicher Bildqualität auch in Echtzeit rekonstruiert werden können. Eine Möglichkeit hierfür liegt in der massiven Parallelisierung der Berechnung durch die Auslagerung in Grafikkartenprozessoren, was zum Beispiel durch die Nutzung von Softwareschnittstellen wie dem CUDA-Framework (Compute Unified Device Architecture) von NVidia ermöglicht wird. Erste Erfahrungen bei der Rekonstruktion von Ultraschallkanaldaten mit den in Kapitel 5 vorgestellten Beamformingalgorithmen haben gezeigt, dass die Berechnungsdauer um den Faktor 78 reduziert werden kann [75], wobei die tatsächliche Beschleunigung davon abhängt, inwiefern die zeitaufwendigen Prozesse auf Speicherzugriffe und arithmetische Berechnungen aufgeteilt sind. Die Auslagerung der Berechnungen in Grafikchips erlaubt es, selbst komplexere Rekonstruktionsalgorithmen zu nutzen, so dass die bestmögliche Bildqualität einem klinischen Anwender der optoakustischen Technik auch in Echtzeit zur Verfügung steht.

Kapitel 12

Schlussbetrachtungen und Ausblick

Die Thematik der Molekularen Optoakustischen Bildgebung wurde in der vorliegenden Arbeit von verschiedenen Standpunkten aus betrachtet. Die algorithmischen Aspekte der Bildrekonstruktion wurden ebenso untersucht wie die technischen Fragestellungen der Bildgebung oder die chemischen Aspekte der Kontrastmittelsynthese und deren biologischer Funktionalisierung. Die Einsatzfähigkeit dieser Bildgebung unter realistischen klinischen Bedingungen wurde in ersten *in-vivo* Messungen evaluiert. Darüber hinaus konnte die Machbarkeit der molekularen optoakustischen Bildgebung eindrucksvoll am Kleintiermodell nachgewiesen werden. Auf Grund der relativen Neuheit dieser Bildgebungsmodalität liegen noch keine Erfahrungen in der Interpretation der gewonnenen Bilddaten vor, so dass es sich als vorteilhaft erwiesen hat, diese mit klassischen Ultraschalldaten zu kombinieren. Eine solche hybride Darstellung bietet dem Anwender die spezifischen Vorteile der Optoakustik zusammen mit der gewohnten Ultraschallbildgebung, welche auf Grund ihrer guten Auflösung und der meist langjährigen praktischen Erfahrung die räumliche Orientierung in den Bilddaten erleichtern.

Die verschiedenen Messungen an Phantomen sowie erste Versuche unter präklinischen Bedingungen haben gezeigt, dass die Nutzung der Optoakustik als neue Technik zur Molekularen Bildgebung enormes Potenzial bietet, da sie es erlaubt, Kontrastmittel in geringen Konzentrationen mit relativ niedrigem technischem (und somit auch finanziellem) Aufwand zu lokalisieren. Auf der anderen Seite wurde aber auch deutlich, dass die vorgestellte Arbeit nur einen ersten Schritt in Richtung des Einsatzes in der medizinischen Diagnostik darstellen kann. Während die Fragestellung der ausreichend schnellen Datenrekonstruktion zur Echtzeitbildgebung mit optimalen Abbildungseigenschaften relativ einfach durch den Einsatz hochparalleler Grafikkartenprozessoren gelöst werden kann, stellt die Thematik der Kontrastmittel eine wesentlich höhere technische aber auch administrative Hürde dar.

Nichtsdestotrotz können schon heutzutage unterschiedliche Anwendungsfelder identifiziert werden, in denen die optoakustische Technik in naher Zukunft zum Einsatz kommen könnte. In der medizinischen Diagnostik lassen sich die Ergebnisse am einfachsten bei Fragestellungen nutzen, in denen klinisch relevante Erkenntnisse aus den reinen intrinsischen optischen

Eigenschaften von Gewebe gewonnen werden können. Dazu zählen z.B. alle klinischen Probleme, bei denen die Darstellung von Blut(-gefäßen) relevant ist und bei denen Doppler-Ultraschall aufgrund der geringeren Auflösung oder eines nicht vorhandenen Blutflusses nur eingeschränkt bis gar nicht einsetzbar ist. So könnten oberflächennahe Tumore von umliegendem gesundem Gewebe unterschieden werden, da sie aufgrund des durch Neovaskularisierung bedingten höheren Absorptionskoeffizienten stärkere optoakustische Signale generieren. Im Hinblick auf die Nutzung von Goldnanopartikeln als optoakustische Kontrastmittel muss zunächst deren biologische Verträglichkeit weiter untersucht werden. Aktuelle Forschungsergebnisse lassen jedoch den Schluss zu, dass bei realistischen Konzentrationen nicht von einer direkten zytotoxischen Wirkung auszugehen ist. Der Ansatz von polymerbasierten und somit metabolisierbaren Partikeln scheint diesbezüglich die höheren Aussichten auf einen klinischen Einsatz zu bieten, zumal fortschrittliche Signalverarbeitungsmethoden (z.B. Multispektrale Optoakustische Bildgebung) diese trotz der im Vergleich zu plasmonischen Goldpartikeln geringen Absorptionsquerschnitte mit ebenso hohem Kontrast darstellbar machen. In der präklinischen Forschung sind die potenziellen Einsatzfelder ungleich größer, da hier bedingt durch die geringen Dimensionen (bei Kleintieren) fast alle Organe der optoakustischen Bildgebung zugänglich sind.

Ein weiteres mögliches Anwendungsfeld ist die Kombination von optoakustischer Bildgebung und laserinduzierter Therapie. Dabei könnten funktionalisierte Partikel genutzt werden, um lokalisiert tumoröses Gewebe durch mechanische Schockwellen oder thermische Effekte, welche aus der Applikation von hohen Laserstrahlungsdichten resultieren, zu zerstören. Die Effekte der Gewebeablation durch laserinduzierte Schockwellen oder der Thermotherapie sind schon seit längerem bekannt, jedoch würde die Kombination mit biologisch markierten Nanopartikeln den Vorteil einer höheren Zielgenauigkeit der Therapie mit sich bringen. Darüber hinaus würden bei einer solchen Therapieform optoakustische Schallwellen als Nebenprodukt entstehen und könnten zur bildgestützten Therapiekontrolle genutzt werden.

Teil IV

Anhang

Anhang A

Danksagung

Ich danke Herrn Professor Fuhr für die Möglichkeit meine Promotion am Fraunhofer Institut für Biomedizinische Technik (IBMT) zu erarbeiten. Mein besonderer Dank gilt meinem Betreuer Herr Dr. Robert Lemor für die Gelegenheit an dieser interessanten und abwechslungsreichen wissenschaftlichen Thematik forschen zu können. Darüber hinaus möchte ich meinen Kollegen aus der Hauptabteilung „Ultraschall" sowie den Abteilungen „Biohybride Syteme" und „Zellbiologie und Angewandte Virologie" für Anregungen und Diskussionen danken.

Literaturverzeichnis

[1] R. Weissleder and U. Mahmood. Molecular imaging. *Radiology*, 219:316–33, 2001.

[2] H. Jadvar. Molecular imaging of prostate cancer with [18]f-fluorodeoxyglucose pet. *Nature Reviews Urology*, 6:317–323, 2009.

[3] F. L. Moffat, C. M. Pinsky, L. Hammershaimb, N. J. Petrelli, Y. Z. Patt, F. S. Whaley, and D. M. Goldenberg. Clinical utility of external immunoscintigraphy with the immu-4 technetium-99m fab' antibody fragment in patients undergoing surgery for carcinoma of the colon and rectum: results of a pivotal, phase iii trial. the immunomedics study group. *Journal of Clinical Oncology*, 14:2295–2305, 1996.

[4] W. Du, Y. Wang, Q. Luo, and B.-F. Liu. Optical molecular imaging for systems biology: from molecule to organism. *Anal. Bioanal. Chem.*, 386:444–457, 2006.

[5] K. Sokolov, J. Aaron, B. Hsu, D. Nida, A. Gillenwater, M. Follen, C. MacAulay, K. Adler-Storthz, B. Korgel, M. Descour, R. Pasualini, W. Arap, W. Lam, and R. Richards-Kortum. Optical systems for in vivo molecular imaging of cancer. *Technol. Cancer. Res. Treat.*, 2:491–504, 2003.

[6] Y. Kono, S. P. Pinnell, C. B. Sirlin, S. R. Sparks, B. Georgy, W. Wong, and R. F. Mattrey. Carotid arteries, contrast-enhanced us angiography - preliminary clinical experience. *Radiology*, 230:561–568, 2004.

[7] E. Leen, W. J. Angerson, S. Yarmenitis, G. Bongartz, M. Blomley, A. Del Maschio, V. Summaria, G. Maresca, C. Pezzoli, and J. B. Llull. Multi-centre clinical study evaluating the efficacy of sonovue (br1), a new ultrasound contrast agent in doppler investigation of focal hepatic lesions. *European Journal of Radiology*, 41:200–206, 2002.

[8] A. M. Takalkar, A. L. Klibanov, J. J. Rychak, J. R. Lindner, and K. Ley. Binding and detachment dynamics of microbubbles targeted to p-selectin under controlled shear flow. *Journal of controlled Release*, 96:473–482, 2004.

[9] A. L. Klibanov, J. J. Rychak, W. C. Wang, S. Alikhani, B. Li, S. Acton, J. R. Lindner, K. Ley, and S. Kaul. Targeted ultrasound sontrast agent for molecular imaging of inflammation in high-shear flow. *Contrast Media Mol. Imaging*, 1:259–266, 2006.

[10] J. K. Willmann, Z. Cheng, C. Davis, A. M. Lutz, M. L. Schipper, C. H. Nielsen, and S. S. Gambhir. Targeted microbubbles for imaging tumor angiogenesis: Assessment of whole-body biodistribution with dynamic micro-pet in mice. *Radiology*, 249:212–219, 2008.

[11] M. Okada, C. W. Hoffmann, K. J. Wolf, and T. Albrecht. Bolus versus continuous infusion of microbubble contrast agent for liver us: Initial experience. *Radiology*, 237:1063–1067, 2005.

[12] H. M. Lai and K. Young. Theory of pulsed optoacoustic technique. *J. Acoust. Soc. Am.*, 72:2000–2007, Dec 1992.

[13] C. K. N. Patel and A. C. Tam. Pulsed optoacoustic spectroscopy of condensed matter. *Reviews of Modern Physics*, 53(3):517–544, 1981.

[14] G. Ku, X. Wang, X. Xie, G. Stoica, and L. V. Wang. Imaging of tumor angiogenesis in rat brains in vivo by photoacoustic tomography. *Applied Optics*, 44(5):770–775, 2005.

[15] G. Ku, X. Wang, G. Stoica, and L. V. Wang. Multiple-bandwidth photoacoustic tomography. *Phys. Med. Biol.*, 49:1329–1338, 2004.

[16] D. Razansky, C. Vinegoni, and V. Ntziachristos. Imaging of mesoscopic-scale organisms using selective-plane optoacoustic tomography. *Phys. Med. Biol.*, 54:2769–2777, 2009.

[17] K. Maslov, G. Stoica, and L. V. Wang. In vivo dark-field reflection-mode photoacoustic microscopy. *Optics Letters*, 30:625–627, 2005.

[18] H. F. Zhang, K. Maslov, M.-L. Li, G. Stoica, and L. V. Wang. in vivo volumetric imaging of subcutaneous microvasculature by photoacoustic microscopy. *Optics Express*, 14(20):9317–9323, 2006.

[19] S. Manohar, S. E. Vaartjes, J. C. G. van Hespen, J. M. Klasse, F. M. van de Engh, W. Steenberg, and T. G. van Leeuwen. Initial results of in vivo non-invasive cancer imaging in the human breast using near-infrared photoacoustics. *Optics Express*, 15:12277–12285, 2007.

[20] A. Conjusteau, S. A. Ermilov, D. Lapotko, H. Liao, J. Hafner, M. Eghtedari, M. Motamedi, N. Kotov, and A. A. Oraevsky. Metalic nanoparticles as optoacoustic contrast agent for medical imaging. In *Proc. of SPIE, Photons Plus Ultrasound: Imaging and Sensing*, pages 60860K1–9, 2006.

[21] A. Agarwal, S. W. Huang, M. O'Donnell, K. C. Day, M. Day, N. Kotov, and S. Ashkenazi. Targeted gold nanorod contrast agent for prostate cancer detection by photoacoustic imaging. *Journal of Applied Physics*, 102:064701, 2007.

[22] H. J. Hewener, H.-J. Welsch, C. Günther, H. Fonfara, S. M. Tretbar, and R. M. Lemor. A highly customizable ultrasound research platform for clinical use with a software architecture for 2d-/3d-reconstruction and processing including closed-loop control. In *Proc. of Medical Physics and Biomedical Engineering World Congress, Munich*, 2009.

[23] G. A. West, J. J. Barrett, D. R. Siebert, and K. Virupaksha Reddy. Photoacoustic spectroscopy. *Rev. Sci. Instrum.*, 54:797–817, 1983.

[24] D. A. Hutchins and A. C. Tam. Pulsed photoacoustic material characterization. *IEEE Trans. Ultrason. Ferroelectr. Freq. Control*, 33:429–449, 1986.

[25] G. Ku and L. V. Wang. Scanning thermoacoustic tomography in biological tissue. *Med. Phys.*, 27:1195–1202, 2000.

[26] S. Manohar, A. Kharine, J. C. G. van Hespen, W. Steenbergen, and T. G. van Leeuwen. Photoacoustic mammography laboratory prototype: imaging of breast tissue phantoms. *Journal of Biomedical Optics*, 9(6):1172–1181, 2004.

[27] S. Manohar, A. Kharine, J. C. G. van Hespen, W. Steenbergen, and T. G. van Leeuwen. The twente photoacoustic mammoscope: sytem overview and performance. *Phys. Med. Biol.*, 50:2543–2557, 2005.

[28] R. Ma, A. Taruttis, V. Ntziachristos, and D. Razansky. Multispectral optoacoustic tomography (msot) scanner for whole-body small animal imaging. *Optics Express*, 17:21414–26, 2009.

[29] E. Zhang, J. Laufer, and P. Beard. Backward-mode multiwavelength photoacoustic scanner using a planar fabry-perot polymer film ultrasound sensor for high-resolution three-dimensional imaging of biological tissue. *Applied Optics*, 47(4):561–577, 2008.

[30] E. Z. Zhang, J. G. Laufer, R. B. Pedley, and P. C. Bear. in vivo high-resolution 3d photoacoustic imaging of superficial vascular anatomy. *Phys. Med. Biol.*, 54:1035–1046, 2009.

[31] J. J. Niederhauser, M. Jaeger, R. Lemor, P. Weber, and M. Frenz. Combined ultrasound and optoacoustic system for real-time high-contrast vascular imaging in vivo. *IEEE Trans. Med. Imaging*, 24(4):436–440, 2005.

[32] K. Wall and G. R. Lockwood. Modern implementation of a realtime 3d beamformer and scan converter system. In *Ultrasonics Symposium*, pages 1400–1403, 2005.

[33] K. P. Kostli, M. Frenz, H. Bebie, and H. P. Weber. Temporal backward projection of optoacoustic pressure transients using fourier transform methods. *Phys. Med. Biol.*, 46:1863–1872, 2001.

[34] M. Jäger, S. Schüpbach, A. Gertsch, M. Kitz, and M. Frenz. Fourier reconstruction in optoacoustic imaging using truncated regularized inverse k-space interpolation. *Inverse Problems*, 23:51–63, 2007.

[35] S.-S. Chang, C.-W. Shih, C.-D. Chen, W.-C. Lai, and C. R. C. Wang. The shape transisition of gold nanorods. *Langmuir*, 15:701–709, 1999.

[36] S. Pierrat, I. Zins, A. Breivogel, and C. Sönnichsen. Self-assembly of small gold colloids with functionalized gold nanorods. *Nano Letters*, 7(2):259–263, 2007.

[37] J. L. West and N. J. Halas. Engineered nanomaterials for biophotonic application: Improving sensing, imaging, and therapeutics. *Annu. Rev. Biomed. Eng.*, 5:285–292, 2003.

[38] P.-C. Li, C.-R. C. Wang, D.-B. Shieh, C.-K-Liao, C. Poe, S. Jhan, A.-A. Ding, and Y.-N. Wu. In vivo photoacoustic molecular imaging with simultaneous multiple selective targeting using antibody-conjugated gold nanorods. *Optics Express*, 16(23):18605–18615, 2008.

[39] P.-C. Li, C.-W. Wei, C.-K. Liao, C.-D. Chen, K.-C. Pao, C.-R. C. Wang, Y.-N. Wu, and D.-B. Shieh. Photoacoustic imaging of multiple targets using gold nanorods. *IEEE Trans. Ultrason. Ferroelectr. Freq. Control*, 54:1642–1647, 2007.

[40] M.-L. Li, J. A. Schwartz, J. Wang, G. Stoica, and L. V. Wang. in-vivo imaging of nanoshell extravasation from solid tumor vasculature by photoacoustic microscopy. In *Photons Plus Ultrasound: Imaging and Sensing 2007*, 2007.

[41] H. Maeda, J. Wu, T. Sawa, Y. Matsumura, and K. Hori. Tumor vascular permeability and the epr effect in macromolecular therapeutics: a review. *Journal of controlled Release*, 65:271–284, 2000.

[42] A. de la Zerda, C. Zavaleta, S. Keren, S. Vaitjilingam, S. Bodapati, Z. Liu, B. R. Smith, T.-J. Ma, O. Oralkan, Z. Cheng, X. Chen, H. Dai, B. T. Khuri-Yakub, and S. S. Gambhir. Carbon nanotubes as photoacoustic molecular imaging agents in living mice. *nature nanotechnology*, 3:557–562, 2008.

[43] G. Kim, S.-W. Huang, K. C. Day, M. O'Donnell, R. R. Agayan, M. A. Day, R. Kopelman, and S. Ashkenazi. Indocyanine-green-embedded pebbles as a contrast agent for photoacoustic imaging. *Journal of Biomdical Optics*, 12(4):044020, 2007.

[44] T. M. Savino. Safety considerations for pulsed lasers. *Conformity*, 2002.

[45] Andre Roggan. *Dosimetrie thermischer Laseranwendungen in der Medizin*. ecomed, Landsberg, 1997.

[46] S. A. Prahl, M. Keijzer, S. L. Jacques, and A. J. Welch. A monte carlo model of light propagation in tissue. In *SPIE Proceedings of Dosimetry of Laser Radiation in Medecine and Biology*, volume IS 5, pages 102–111, 1989.

[47] L. Henyey and J. Greenstein. Diffuse radiation in the galaxy. *Astrophys. Journal*, 93:70–83, 1941.

[48] G. Paltauf and H. Schmidt-Kloiber. Microcavity dynamics during laser-induced spallation of liquids and gels. *Appl. Phy. A*, 62:303–311, 1996.

[49] Q. Shan, A. Kuhn, P. A. Payne, and R. J. Dewhurst. Characterisation of laser-ultrasound signals from an optical absorption layer within a transparent fluid. *Ultrasonics*, 34:629–639, 1996.

[50] C. G. A. Hoelen and F. F. M. de Mul. A new theoretical approach to photoacoustic signal generation. *J. Acoust. Soc. Am.*, 106:695–706, August 1999.

[51] M. W. Sigrist and F. K. Kneubühl. Stress waves in liquids. *J. Acoust. Soc. Am.*, 6, 1978.

[52] X. Wang, G. Ku, M. A. Wegiel, D. J. Bornhop, G. Stoica, and L. V. Wang. Noninvasive photoacoustic angiography of animal brains in vivo with near-infrared light and an optical contrast agent. *Optics Letters*, 29:730–732, 2004.

[53] K. Stantz, B. Liu, M. Cao, D. R. Reinecke, K. Miller, and R. A. Kruger. Photoacoustic spectroscopic imaging of intra-tumor heterogenity and molecular identification. In *Photons Plus Ultrasound: Imaging and Sensing 2006*, volume 6086, 2006.

[54] D. Razansky, C. Vinegoni, and V. Ntziachristos. Multispectral photoacoustic imaging of fluorochromes in small animals. *Optics Letters*, 32:2891–2893, 2007.

[55] C. F. Bohren and D. R. Huffman. *Absorption and scattering of light by small particles*. Wiley, New York, 1983.

[56] U. Kreibig and M. Vollmer. *Optical Properties of Metal Clusters*. Springer Series in Material Sciences 25. Springer, Berlin, 1995.

[57] G. Mie. Beiträge zur optik trüber medien, speziell kolloidaler goldlösungen. *Ann. Physik*, 25, 1908.

[58] X. Kou, S. Zhang, C.-K. Tsung, M. H. Yeung, Q. Shi, G. D. Stucky, L. Sun, J. Wang, and C. Yan. Growth of gold nanorods and bipyramids using cteab surfactant. *J. Phys. Chem. B*, 110:16377–16383, 2006.

[59] B. D. Busbee, S. O. Obare, and C. J. Murphy. An improved synthesis of high-aspect-ratio gold nanorods. *Advanced Materials*, 15(5):414–416, 2003.

[60] S. Link, M. B. Mohamed, and M. A. El-Sayed. Simulation of the optical absorption spectra of gold nanorods as function of their aspect ratio and the effect of the medium dielectric constant. *J. Phys. Chem. B*, 103:3073–3077, 1999.

[61] J. Sinzig and M. Quinten. Scattering and absorption by spherical multilayer particles. *App. Phys. A*, 58:157–162, 1994.

[62] J. Sinzig, U. Radtke, M. Quinten, and U. Kreibig. Binary clusters: homogeneous alloys and nucleus-shell structures. *Zeitschrift für Physik D*, 26:242–245, 1993.

[63] P. B. Johnson and R. W. Christy. Optical constants of noble metals. *Physical Review B*, 6(12), 1972.

[64] E. D. Palik. *Handbook of optical constants of solids*. Academic Press, New York, 1985.

[65] R. Sait, A. Grueneis, G. G. Samsonidze, M. S. Dresselhaus, A. Jorio, L.G. Cancado, M. A. Pimenta, and A. G. Souza Filho. Optical absorption of graphite and single wall carbon nanotubes. *Appl. Phys. A*, 78:1099–1105, 2004.

[66] E. Kymakis and G. A. J. Amaratunga. Optical properties of polymer-nanotube composites. *Synthetic Metals*, 142:161–167, 2004.

[67] A. Schlegel, S. F. Alvadaro, and P. Wachter. Optical properties of magnetite. *J. Phys. C: Solid State Phys.*, 12:1157–1164, 1979.

[68] http://netcontrols.org/nplot/wiki/index.php.

[69] M. Frigo and S. G. Johnson. http://www.fftw.org/.

[70] L. V. Wang, M. L. Li, H. F. Zhang, K. Maslov, and G. Stoica. High-resolution photoacoustic tomography in-vivo. In *Biomedical Imaging: Nano to Macro, 3rd IEEE International Symposium on*, 2006.

[71] M.-L. Li, H. F. Zhang, K. Maslov, G. Stoica, and L. V. Wang. Improved in vivo photoacoustic microscopy based on a virtual-detector concept. *Optics Letters*, 31(4):474–476, 2006.

[72] R. L. P. van Veen, H. J. C. M. Sterenborg, A. Pifferi, A. Torricelli, and R. Cubeddu. Determination of vis-nir absorption coefficients of mammalian fat, with time- and spatially resolved diffuse reflectance and transmission spectroscopy. In *OSA Annual BIOMED Topical Meeting*, 2004.

[73] G. M. Hale and M. R. Querry. Optical constants of water in the 200 nm to 200 μm wavelength region. *Applied Optics*, 12:555–563, 1973.

[74] Oregon Medical Laser Centre. http://omlc.ogi.edu/index.html.

[75] H. J. Hewener. *Entwicklung und Aufbau einer Forschungsplattform für klinische, hochaufgelöste Freihand-3d-Ultraschallbildgebung und -verarbeitung*. PhD thesis, Fakultät für Medizin der Universität Saarbrücken, 2009.

[76] F. Yuan, M. Dellian, D. Fukumura, M. Leunig, D. A. Berk, V. P. Torchilin, and R. K. Jain. Vascular permeability in a human tumor xenograft: molecular size dependence and cutoff size. *Cancer research*, 55:3752–3756, 1995.

[77] Z. Yang, J. Leon, M. Martin, J. W. Harder, R. Zhang, D. Liand, W. Lu, M. Tian, J. G. Gelovani, A. Qiao, and C. Li. Pharmacokinetics and biodistribution of near-infrared fluorescence polymeric nanoparticles. *Nanotechnology*, 20:165101, 2009.

[78] B. Pegaz, E. Debefve, J.-P. Ballini, Y. Niamien Konan-Kouakoua, and H. van den Bergh. Effect of nanoparticle size on the extravasation and the photothrombic activity of meso(p-tetracarboxyphenyl)porphyrin. *Journal of Photochemistry and Photobiology B: Biology*, 85:216–222, 2006.

[79] R. L. Magin, G. Bacic, M. R. Niesman, J. C. Alameda Jr., S. M. Wright, and H. M. Swartz. Dextran magnetite as a liver contrast agent. *Magnetic Resonance in Medicine*, 20(1):1–16, 1991.

[80] C. S. Prathap, C. Minakshi, P. Renu, A. Absar, and S. Murali. Synthesis of gold nanotriangles and silver nanoparticles using aloe vera plant extract. *Biotechnology progress*, 22:577–83, 2006.

[81] C.-J. Huang, Y.-H. Wang, P.-H. Chiu, M.-C. Shih, and T.-H. Meen. Electrochemical synthesis of gold nanocubes. *Material Letters*, 60:1896–1900, 2006.

[82] T. K. Sau and C. J. Murphy. Seeded high yield synthesis of short au nanorods in aqueous solution. *Langmuir*, 20:6414–6420, 2004.

[83] B. Nikoobakht and M. A. El-Sayed. Preparation and growth mechanism of gold nanorods using seed-mediated growth method. *Chem. Mater.*, 15:1957–62, 2003.

[84] H. J. Park, C. S. Ah, W.-J. Kim, I. S. Choi, K.-P. Lee, and W. S. Yun. Temperature induced control of aspect ratio of gold nanorods. *J. Vac. Sci. Technol. A*, 24(4):1323–6, 2006.

[85] X. Kou, S. Zhang, C.-K. Tsung, Z. Yang, M. H. Yeung, G. D. Stucky, L. Sun, J. Wang, and C. Yan. One-step synthesis of large-aspect-ratio single-crystalline gold nanorods by using ctpab and ctbab surfactants. *Chem. Eur. J.*, 13:2929–2936, 2007.

[86] C. Graf and A. van Blaaderen. Metallodielectric colloidal core-shell particles for photonic applications. *Langmuir*, 18:524–534, 2002.

[87] W. Stöber, A. Fink, and E. Bohn. Controlled growth of monodisperse silica spheres in the micron size range. *Journal of colloid and interface science*, 26:62–69, 1968.

[88] I. Steinhauser, B. Spänkuch, K. Strebhardt, and K. Langer. Trastuzumab-modified nanoparticles: Optimisation of preparation and uptake in cancer cells. *Biomaterials*, 27:4975–4983, 2006.

[89] M. G. Manolova. *Struktur von und Metallabscheidung auf mit aromatischen Thiolfilmen bedeckten Au111 Oberflächen*. PhD thesis, Fakultät für Naturwissenschaften der Universität Ulm, 2006.

[90] S.-D. Li and L. Huang. Pharmacokinetics and biodistribution of nanoparticles. *Molecular Pharmaceutics*, 5(4):496–504, 2008.

[91] T. Niidome, M. Yamagata, Y. Okamoto, Y. Akiyama, H. Takahashi, T. Kawano, Y. Katayama, and Y. Niidome. Peg-modified gold nanorods with a stealth character for in vivo applications. *Journal of controlled Release*, 114:343–347, 2006.

[92] H. Zimmermann, D. Zimmermann, R. Reuss, P. J. Feilen, B. Manz, A. Katsen, M. Weber, F. R. Ihmig, F. Ehrhart, P. Geßner, M. Behringer, A. Steinbach, L. H. Wegner, V. L. Sukhorukov, J. A. Vasquez, S. Schneider, M. M. Weber, F. Volke, R. Wolf, and U. Zimmermann. Towards a medically approved technology for alginate-based microcapsules allowing long-term immunoisolated transplantation. *J. Mat. Sci.: Materials in Medecine*, 16:491–501, 2005.

[93] Y. Wang, X. Xie, X. Wang, G. Ku, K. L. Gill, D. P. O'Neil, G. Stoica, and L. V. Wang. Photoacoustic tomography of a nanoshell contrast agent in the in vivo rat brain. *Nano Letters*, 4(9):1689–1692, 2004.

[94] Adonis - accurate diagnosis of prostate cancer using optoacoustic detection of biologically functionalized gold nanoparticles - a new integrated biosensor system, specific targeted research project no nmp4-ct-2005-016880, fp6.

[95] M. Krieger, C. Perez, K. DeFay, I. Albert, and S. D. Lu. A novel form of tnf/cachectin is a cell surface cytotoxic transmembrane protein: Ramifications for the complex physiology of tnf. *Cell*, 53:45–53, 1988.

[96] R. A. Black, C. T. Rauch, C. J. Kozlosky, J. J. Peschon, J. L Slack, M .F. Wolfson, B. J. Castner, K. L. Stocking, P. Reddy, S. Srinivasan, N. Nelson, N. Bolani, K. A. Schooley, M. gerhart, R. Davis, J. N. Fitzner, R. S. Johnson, R. J. Paxton, C. J. March, M. Ceretti, and D. P. Ceretti. A metalloproteinase disintegrin that releases tumour-necrosis factor-α from cells. *nature*, 385:729–733, 1997.

[97] Y. Kohl, C. Kaiser, W. Bost, F. Stracke, M. Fournelle, H. Thielecke, C. Wischke, A. Lendlein, K. Kratz, and R. Lemor. Preparation and biological evaluation of nir-dye-loaded resorbable plga-nanoparticles designed for photoacoustic imaging. *Nanomedicine, in submission*, 2010.

[98] Y. Kohl, W. Bost, M. Fournelle, A. Henkel, C. Sönnichsen, H. Thielecke, and R. Lemor. Peg-modified gold nanorods: Cytotoxicity and applications as contrast agent for photoacoustic imaging. *Nano Letters, in submission*, 2010.

I want morebooks!

Buy your books fast and straightforward online - at one of world's fastest growing online book stores! Environmentally sound due to Print-on-Demand technologies.

Buy your books online at
www.morebooks.shop

Kaufen Sie Ihre Bücher schnell und unkompliziert online – auf einer der am schnellsten wachsenden Buchhandelsplattformen weltweit! Dank Print-On-Demand umwelt- und ressourcenschonend produziert.

Bücher schneller online kaufen
www.morebooks.shop

KS OmniScriptum Publishing
Brivibas gatve 197
LV-1039 Riga, Latvia
Telefax: +371 686 204 55

info@omniscriptum.com
www.omniscriptum.com

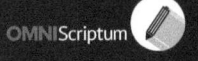

Printed by Books on Demand GmbH, Norderstedt / Germany